# 都市公園の トリセツ

## 使いこなすための法律の読み方

平塚勇司 著

JN108488

学芸出版社

## はじめに

　「公園」という言葉はなじみがあると思いますが、「都市公園」となるとあまりなじみがないかもしれません。

　都市公園は全国に約11万箇所あり、恐らく普段目にする「〇〇公園」と名の付いた近所の公園の多くは都市公園です。その数を全国の小学校数（約2万箇所）、郵便局数（約2万4千箇所）、コンビニエンスストア数（約5万6千箇所）などと比較してみれば、都市公園がいかに身近な施設であるかが分かります※。

　もちろん、最初からこれだけの都市公園があったわけではありません。都市公園法という法律が昭和31年（1956年）にできて以来、60年以上かけて整備が進められてきた結果、都市公園が日常生活の中に当たり前に存在する時代になりました。

　都市公園が足りなかった時代は、都市公園をいかに効率的・効果的に整備するかが主な課題でしたが、都市公園の整備が進み、社会情勢も変わってくると、課題はそれだけに留まりません。人口が増加する社会から減少する社会へと移行していく中、市民の生活をより豊かにするために都市公園はどうあるべきか、少子高齢化等に伴う利用者層やニーズの変化に都市公園はどう対応すべきか、厳しい財政状況の中で老朽化が進行する施設をどう更新すべきか、など公園管理者である国、地方公共団体が直面している課題は枚挙にいとまがありません。

　このような全国の公園管理者が共通で直面している課題にいかに対応すべきかを議論するため、国は、有識者等からなる検討会を平成26年（2014年）に設置しました。その議論の結果、都市公園は、量的な整備水準よりも、その多機能性を都市のため、地域のため、市民のために発揮することを重視する新たなステージへ移行すべきという方向性が示され、それを具体的に実現すべく都市公園法が平成29年（2017年）に改正されました。

---

※各施設の箇所数の出典は以下の通り。
　都市公園数：国土交通省調べ（平成30年度（2018年度）末現在）
　小 学 校 数：文部科学省統計要覧（平成30年度（2018年度）版）
　郵 便 局 数：郵便局局数情報（令和元年（2019年）7月31日時点）
　コンビニエンスストア数：(一財)日本フランチャイズチェーン協会　コンビニエンスストア統計
　　　　　　データ（平成30年度（2018年度））

今、公園管理者は、各々が直面している課題等に応じて、新たな制度の活用や限られた資源（予算等）のメリハリある投入により、個々の都市公園のポテンシャルを引き出す、つまり「都市公園を使いこなす」ことで、都市を、市民生活をより良くするための取組を推進しています。

　しかし、求められる役割はより高度化、複雑化していく一方で、都市公園の整備・管理の現場の体制はどうでしょうか。公園専門の職員（いわゆる造園職）はおろか、公園専門の組織がない地方公共団体も少なくありません。そして「後任は、都市公園は初めてですが……」という言葉とともに数年で職員の多くは入れ替わってしまいます。このような状況を目の当たりにしているうちに、人の入れ替わりに大きく左右されず、継続的に組織として都市公園の法律の理解やその運用ノウハウを蓄積する必要性を痛感していました。

　そこで、少しでもその助けになれば、との想いから、実務担当者が知っておくべき都市公園の基本をまとめた解説資料を業務の合間に作成し、「ちょっとゆるい都市公園講座」と題して希望する地方公共団体にメーリングリストで送付する試みを、前職である九州地方整備局建政部在任中に始めました。

　幸いにも好意的に受け入れられ、「いつも楽しみにしている」との声を励みに少しずつ作成してはお送りしていましたが、連載が続いていくにつれ、「本にしないのか」という声も少なからず頂くようになりました。

　本書は、そのようなきっかけで、平成30年度（2018年度）に約1年かけて作成・送付していた上記資料を、より幅広く、市民や民間事業者の方など行政以外の方にとっても役立つものになるよう、追記、修正を行うことで誕生しました。

　都市公園に様々な形で関わる方々にとって、都市公園の理解が進み、都市公園を暮らしの質を高める資産として使いこなすための取扱説明書のようなものになれば幸いです。

令和2年（2020年）6月

平塚　勇司

## □本書の読み方

都市公園は、市民生活を豊かにする上で欠かせないパブリックスペースの1つであり、そこに関わる主体は大きく以下の3つに大別されます。

①都市公園を整備し、管理する国、地方公共団体等の行政（本書では以下、「行政」と表記）
②行政と連携して都市公園の整備・管理運営の一翼を担う指定管理者、民間事業者、NPO団体等（本書では以下、「民間」と表記）
③都市公園を利用する市民（本書では以下、「市民」と表記）

都市公園の多くは、市民から頂いた税金等を原資として行政が供給し、民間がより価値を高めるサービスを付加して、市民がそれを享受（利用）する、という関係によって成り立っています。そして、この行政、民間、市民の三者全てが幸福（Win-Win-Win）な状態にある都市公園が、パブリックスペースとして最高のパフォーマンスを発揮している都市公園だと思います。

Win-Win-Win の実現イメージ

それぞれ立場も役割も異なる三者が Win-Win-Win になるためには様々な課題がありますが、行政は市民や民間の立場で、市民は行政や民間の立場に立って都市公園に関わるなど、それぞれの主体が、それぞれの立場とは別の立場に自らを置いて考え、行動することで、少しでも理想の状態に近づけるのではないかと思います。

本書は、そのような問題意識のもと、各章毎に各主体がそれぞれの立場で都市公園に関わる際に直面する課題や疑問に対し、その理解の助けとなる法令の規定や考え方、事例等を対話形式で紹介する形で構成しています。自らの立場に関係する章で都市公園への理解をより深めるとともに、他の章で別の立場の問題意識やその関わり方への理解を深めていただければ幸いです。

　なお、読みやすさを重視して全体をストーリー仕立てにしている都合上、正確には「都市公園」と表記すべき所も単に「公園」とするなど言葉を簡略化したり、一面的な解釈や説明となっている箇所もありますので、ご了承ください。

　また、現役の国家公務員の立場で、仕事で作成した資料を基に出版するにあたり、原稿料等は頂かず、その代わりに出版に係る費用等は出版社様にお願いする形とさせていただきました。

　都市公園のポテンシャルは、行政の力だけで引き出すことはできません。都市公園を利用する市民の方、指定管理者や事業者等として整備、管理の一翼を担う方、都市公園に興味のある学生や研究者の方など、多くの方に手にとっていただき、本書が都市公園を使いこなすための一助となれば幸いです。

## □主な登場人物

　本書は、行政、民間、市民の三者が、それぞれの立場の課題や疑問について、聞き役と解説役の対話形式で理解を深めていくという流れで構成しています。

　登場人物の設定等は以下の通りです。

### ●市民

設定：公園利用者の市民

役割：第1章、第5章の聞き役

### ●民間事業者

設定：都市公園への店舗出店に興味がある民間事業者

役割：第2章の聞き役

### ●行政職員（女性）

設定：市役所の公園課に配属された新人職員

役割：第3章、第4章の聞き役

### ●行政職員（男性）

設定：市役所の公園課のベテラン職員

役割：全章の解説役

# 目　次

# 第1章

# 都市公園という
# パブリックスペースの基礎知識

　都市公園は、誰もが利用できる遊び場、憩いの場として非常に身近な施設ですが、存在は身近な割に、どのような制度のもとでつくられ、管理されているかは、あまり一般には知られていないかもしれません。

　都市公園は、都市公園法という法律に基づいて設置されており、管理するに当たっても、利用するに当たっても、基本的な法令の知識の有無によって公園の見え方が全く異なります。

　ただ、公園管理の現場で気になったこと、公園を利用していて気になったことがあったとしても、それが法令のどこに関係していて、どう解釈すべきかをすぐに把握することは難しいでしょう。

　そこで、まず本章では、都市公園とはそもそも何なのか、どのような役割を持っていて、なぜ誕生したのかなど、都市公園に関わる方全てに共通する基本的な事項について、関係する法令等の規定やその背景などを解説します。

# 第1話 「都市公園」とは？

　そもそも「都市公園」とは何でしょうか。

　都市公園とは、都市公園法第2条に定められている施設のことで、その定義は以下の通りです。

---

【都市公園法　抄】

（定義）

第二条　この法律において「都市公園」とは、次に掲げる公園又は緑地で、その設置者である地方公共団体又は国が当該公園又は緑地に設ける公園施設を含むものとする。

　一　都市計画施設（都市計画法（昭和四十三年法律第百号）第四条第六項に規定する都市計画施設をいう。次号において同じ。）である公園又は緑地で地方公共団体が設置するもの及び地方公共団体が同条第二項に規定する都市計画区域内において設置する公園又は緑地

　二　次に掲げる公園又は緑地で国が設置するもの

　　イ　一の都府県の区域を超えるような広域の見地から設置する都市計画施設である公園又は緑地（ロに該当するものを除く。）

　　ロ　国家的な記念事業として、又は我が国固有の優れた文化的資産の保存及び活用を図るため閣議の決定を経て認定する都市計画施設である公園又は緑地

---

　ただ、この条文だけ読んで「なるほど、そういうものか」と納得することは難しいでしょう。それは、条文上に「都市計画施設」や「都市計画区域」といった多くの方にとってなじみのない都市計画法上の用語も登場するからです。

　つまり、都市公園を理解するためには、都市計画の知識もある程度必要なのですが、行政の実務担当者でさえも都市計画に習熟している者ばかりではないので、この定義を正確に理解するのは意外と難しいです。ましてや、民間事業者や市民の方は都市計画施設などの都市計画の用語は初耳という方も多いのではないでしょうか。

　そのため、まず都市公園とは何か、その法律上の定義と関係する都市計画上の制度について解説します。

そもそも「**都市公園**」ってどういったものでしょうか？

子供たちが遊んでいる小さな公園から、陸上や野球などの本格的な
スポーツができる大きな公園まで、皆さんが普段何気なく遊んだり、
運動したり、散歩したりしている公園の多くは都市公園ですよ。
まずは、根拠法である**都市公園法**上の定義を確認してみましょう。

---

【都市公園法　抄】
（定義）
第二条　この法律において「都市公園」とは、次に掲げる公園又は緑地で、
　　その設置者である地方公共団体又は国が当該公園又は緑地に設ける公園
　　施設を含むものとする。
　一　都市計画施設（都市計画法（略）第四条第六項に規定する都市計画
　　　施設をいう。次号において同じ。）である公園又は緑地で地方公共団
　　　体が設置するもの及び地方公共団体が同条第二項に規定する都市計画
　　　区域内において設置する公園又は緑地
　二　次に掲げる公園又は緑地で国が設置するもの
　　イ　一の都府県の区域を超えるような広域の見地から設置する都市計
　　　　画施設である公園又は緑地（ロに該当するものを除く。）
　　ロ　国家的な記念事業として、又は我が国固有の優れた文化的資産の
　　　　保存及び活用を図るため閣議の決定を経て認定する都市計画施設で
　　　　ある公園又は緑地

---

国が設置するのか、県や市などの地方公共団体が設置するのかによ
って定義が少し違いますが、私たち地方公共団体の例で説明します
と、**法第2条第1項第1号**に記載されているように
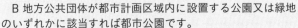
　A　都市計画施設である公園又は緑地で地方公共団体が設置するも
　　の
　B　地方公共団体が都市計画区域内に設置する公園又は緑地
のいずれかに該当すれば都市公園です。

---

都市公園法っていう法律に書いてあるんですね。
でも、難しい言葉がいっぱい……。
そもそも A の定義に出てくる「**都市計画施設**」って何でしょうか？

---

都市計画施設とは、**都市計画法**に基づき、都市計画で定められた各
種都市施設のことです[1]。
道路、公園、水道などは快適に都市生活を送るために必要なインフ
ラです。これらの施設を計画的につくるために、都市の中のこの場
所に、この施設をつくろう、ということを都市計画で決めています。

【都市計画法　抄】
（定義）
第四条　この法律において「都市計画」とは、都市の健全な発展と秩序ある整備を図るための土地利用、都市施設の整備及び市街地開発事業に関する計画で、次章の規定に従い定められたものをいう。
（略）
5　この法律において「都市施設」とは、都市計画において定められるべき第十一条第一項各号に掲げる施設をいう。
6　この法律において「都市計画施設」とは、都市計画において定められた第十一条第一項各号に掲げる施設をいう。

（都市施設）
第十一条　都市計画区域については、都市計画に、次に掲げる施設を定めることができる。この場合において、特に必要があるときは、当該都市計画区域外においても、これらの施設を定めることができる。
　一　道路、都市高速鉄道、駐車場、自動車ターミナルその他の交通施設
　二　公園、緑地、広場、墓園その他の公共空地
　三　水道、電気供給施設、ガス供給施設、下水道、汚物処理場、ごみ焼却場その他の供給施設又は処理施設
（以下略）

そして「都市計画施設である公園」とは、「都市計画としてここに公園をつくるぞ」と決めた場所のことです（図1）。「**都市計画公園**」と呼ぶこともあります。あくまで計画なので、仮に今家が建っている場所で公園として整備されていなくても、都市計画決定により公園にすると定めている場所であれば、そこは都市計画上、都市計画公園ということになります。

図1　都市計画施設のイメージ[2]

なるほど。ちなみに「**公園又は緑地**」ってありますけど「公園」と「緑地」って何か違うんですか？

公園や緑地の法律上の定義はありませんが、「**都市計画運用指針**」にはそれぞれ以下のように記載されています。

【第10版　都市計画運用指針　抄】
(1) 公園
　　公園とは、主として自然的環境の中で、休息、鑑賞、散歩、遊戯、運動等のレクリエーション及び大震火災等の災害時の避難等の用に供することを目的とする公共空地である。
(2) 緑地
　　緑地とは、主として自然的環境を有し、環境の保全、公害の緩和、災害の防止、景観の向上、及び緑道の用に供することを目的とする公共空地である。

自然があって、みんなが使える空地という点は共通している気がしますが、目的がそれぞれ少しずつ違うんですね。

そうですね。基本的には建物をあまり建てない、あえて空けておく土地なので、遊ぶ場所や災害時の避難場所など、色々なことに使えます。
住みやすい都市にするためには建物ばかりではなく、こういった空地を計画的に配置することが重要なので、都市施設の1つに位置づけられています。

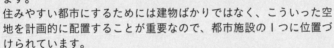

分かりました。それじゃ、Bの定義に出てくる「**都市計画区域**」って何ですか！

都市計画区域は、都市計画法第5条第1項にある通り、「一体の都市として総合的に整備し、開発し、及び保全する必要がある区域」として都道府県が指定する区域のことです（図2）。

(都市計画区域)
第五条　都道府県は、市又は人口、就業者数その他の事項が政令で定める要件に該当する町村の中心の市街地を含み、かつ、自然的及び社会的条件並びに人口、土地利用、交通量その他国土交通省令で定める事項に関する現況及び推移を勘案して、一体の都市として総合的に整備し、開発し、及び保全する必要がある区域を都市計画区域として指定するものとする。この場合において、必要があるときは、当該市町村の区域外にわたり、都市計画区域を指定することができる。

図2　都市計画区域のイメージ[2]

日本の国土面積の約3割が都市計画区域に指定されていて、その区域内に日本の全人口の9割以上が住んでいます[3]。

それじゃ、その都市計画区域の中に地方公共団体が公園をつくったら自動的に都市公園になるんですね。

いえ、そういうわけではありません。都市計画区域の中に公園をつくっても自動的に都市公園になるわけではないんです。

え？　でもBの定義は「地方公共団体が都市計画区域内において設置する公園又は緑地」ですよね？

**「設置する」**という言葉がポイントです。
都市公園法第2条の2に「設置」の定義が書いてありますが、都市公園法上「設置する」という言葉は単純に公園をつくるという意味ではないんです。
「公告」、つまり「この場所は都市公園である！　みんな使ってよし！」と宣言して初めて都市公園として設置されたことになります。
それを**「供用告示」**と言ったりしますよ。

【都市公園法　抄】
（都市公園の設置）
第二条の二　都市公園は、次条の規定によりその管理をすることとなる者が、当該都市公園の供用を開始するに当たり都市公園の区域その他政令で定める事項を公告することにより設置されるものとする。

ふむふむ。今までの話を総合すると、つまり都市公園って、
　Ａ　都市計画でここを公園にするぞって計画した場所のうち、実際
　　　に公園として整備した上で今日からここは都市公園ですよって
　　　宣言した場所
　Ｂ　都市計画区域として指定された区域の中で、実際に公園として
　　　整備した上で今日からここは都市公園ですよって宣言した場所
ということですか？

はい。その通りです。

でも、何となくまだしっくりこないというか……。
都市計画施設って都市計画で決めるんですよね。だったら普通、都市計画区域の中に計画するものじゃないんですか？
だとすると、ＡとＢって結局同じことを言っているようにも見えるんですけど、違いがまだイメージできなくて……。

確かに、都市計画区域内に、都市計画施設である公園又は緑地がある場合、つまりＡ、Ｂが重複することは多いでしょう。
ただ、もう一度都市計画法第11条を見てみてください。都市施設は、特に必要があるときは都市計画区域外にも定めることができるって書いてありますよね。つまり、都市計画区域の外に都市公園を計画する場合もあるんです。

【都市計画法　抄】
（都市施設）
第十一条　都市計画区域については、都市計画に、次に掲げる施設を定めることができる。この場合において、特に必要があるときは、当該都市計画区域外においても、これらの施設を定めることができる。
　　一　道路、都市高速鉄道、駐車場、自動車ターミナルその他の交通施設
　　二　公園、緑地、広場、墓園その他の公共空地
（以下略）

あっ！　本当だ。確かにその場合は、都市計画区域の中にはないんだから、Ａの都市計画施設である公園又は緑地の要件がないと都市公園として設置することはできないですね。

そうですね。そして、都市計画区域の中には、行政が都市計画で公園にすると計画していない場所であっても、民間の開発行為などに伴って生まれる「都市計画施設でない公園」というのも存在します。これらは民間が整備した後、行政に移管される場合も多いのですが、その場合Bの要件がないと都市公園として設置できないですよね？

そういうことですか。
何となく違いが分かってきた気がします！

以上を整理すると、表1のようになります。

都市計画区域内にあれば、都市計画施設であってもなくても、供用告示することで都市公園になる

都市計画区域外の場合、都市公園になれるのは都市計画施設である公園のみ

| | 都市計画区域内 | | 都市計画区域外 | |
|---|---|---|---|---|
| | 供用告示済 | 供用告示未 | 供用告示済 | 供用告示未 |
| 都市計画施設である公園又は緑地 | ○ | × | ○ | × |
| 都市計画施設でない公園又は緑地 | ○ | × | − | − |

○：都市公園
×：都市公園でない

都市計画区域外で都市計画施設でない公園は都市公園として供用できない

表1　都市公園の定義整理表

あまりなじみがないかもしれませんが、都市公園を理解するためには都市計画も大事ですよ。

分かりました。
ありがとうございます！

注・出典
1)「都市施設」とは、都市計画において定められるべき施設で、それら都市施設が、実際に都市計画で定められると「都市計画施設」となる。(都市計画法第4条第5項及び第6項)
2) 国土交通省都市局作成資料「都市施設計画」(平成30年(2018年)12月)を基に作成
〈https://www.mlit.go.jp/toshi/city_plan/toshi_city_plan_tk_000043.html〉
3) 国土交通省都市局　都市計画現況調査〈https://www.mlit.go.jp/common/001281024.pdf〉

# COLUMN　法律における「条」「項」「号」について

「法律の第○条第○項第○号」と言われても「条はともかく、項や号ってどれを指すの？　項とか号なんて言葉どこにも書いてない！」と思う方も多いでしょう。

❏都市公園法第2条第1項の一部を例として抜粋

第二条　この法律において「都市公園」とは、次に掲げる公園又は緑地で、その設置者である地方公共団体又は国が当該公園又は緑地に設ける公園施設を含むものとする。
　一　都市計画施設である公園又は緑地で地方公共団体が設置するもの及び地方公共団体が同条第二項に規定する都市計画区域内において設置する公園又は緑地

法律は箇条書きになっていて、その一項目が**「条」**。1つの条を規定の内容に従って更に区分する場合に、行を改めて書き始められた段落が**「項」**で、「2、3……」という項番号を**算用数字**で付していくのだそうです（第1項は項番号を付さず、第2項から番号が付く）。

そして項の中でいくつかの列記事項を設ける場合に「一、二、三……」と**漢数字**の番号を付けて列記したものが**「号」**。号の中で更に細かくいくつかの列記事項を設ける場合に「**イ、ロ、ハ……**」を用いることになっています。

❏法律の条文の階層構造イメージ

　　第●条　○○○…………
　　　　第●項　○○○………
　　　　　第●号　○○○……
　　　　　　イ　○○○……
　　　　　　ロ　○○○……

更に混乱を助長させるのが「第二条の二」というように「の」が入った条で、これは**「枝番」**というものです。「第二条」と「第二条の二」には上下関係はなく、対等です。

なぜ枝番があるかというと、法律を改正するときに新たに条が挿入されると、それ以降の条がすべて1つずつずれるので、改正作業が大変です（例えば、枝番にせずに新たに第三条として新条文を挿入した場合、それまでの第三条は第四条へ、そして旧第四条は……と1つずつ全てずれていく）。更に、その法律の条項を他の法律が引用していた場合、他の法律も改正しなければならなくなり、非常に影響が大きくなります。そのようなことを極力防ぐために枝番が認められているようです。

　詳しくは参議院法制局のウェブサイト（法制執務コラム）参照。

□条・項・号・号の細分

　http://houseikyoku.sangiin.go.jp/column/column021.htm

□条の枝番号と削除

　http://houseikyoku.sangiin.go.jp/column/column043.htm

## □参考：都市公園法に当てはめた場合の条文の呼び方例

| 条文 | 呼び方 |
|---|---|
| （目的）<br>第一条　この法律は、都市公園の設置及び管理に関する基準等を定めて、都市公園の健全な発達を図り、もつて公共の福祉の増進に資することを目的とする。 | 第一条第1項 |
| （定義）<br>第二条　この法律において「都市公園」とは、次に掲げる公園又は緑地で、その設置者である地方公共団体又は国が当該公園又は緑地に設ける公園施設を含むものとする。 | 第二条第1項 |
| 一　都市計画施設である公園又は緑地で地方公共団体が設置するもの及び地方公共団体が同条第二項に規定する都市計画区域内において設置する公園又は緑地 | 第二条第1項第一号 |
| 二　次に掲げる公園又は緑地で国が設置するもの | ＝第二条第1項第二号 |
| イ　一の都府県の区域を超えるような広域の見地から設置する都市計画施設である公園又は緑地（ロに該当するものを除く。） | 第二条第1項第二号イ |
| ロ　国家的な記念事業として、又は我が国固有の優れた文化的資産の保存及び活用を図るため閣議の決定を経て設置する都市計画施設である公園又は緑地 | 第二条第1項第二号ロ |
| 2　この法律において「公園施設」とは、都市公園の効用を全うするため当該都市公園に設けられる次に掲げる施設をいう。 | 第二条第2項 |
| 一　園路及び広場 | 第二条第2項第一号 |
| 二　植栽、花壇、噴水その他の修景施設で政令で定めるもの<br>（以下、各号略） | 第二条第2項第二号 |
| 3　次の各号に掲げるものは、第一項の規定にかかわらず、都市公園に含まれないものとする。 | 第二条第3項 |
| 一　自然公園法の規定により決定された国立公園又は国定公園に関する公園計画に基いて設けられる施設たる公園又は緑地 | 第二条第3項第一号 |
| 二　自然公園法の規定により国立公園又は国定公園の区域内に指定される集団施設地区たる公園又は緑地 | 第二条第3項第二号 |
| 第二条の二　都市公園は、次条の規定によりその管理をすることとなる者が、当該都市公園の供用を開始するに当たり都市公園の区域その他政令で定める事項を公告することにより設置されるものとする。 | 第二条の二第1項 |

# 第2話　都市公園はどのくらいある？

　都市公園は、全国にどのくらいあるのでしょうか。

都市公園は、昭和31年（1956年）に都市公園法が制定されて以来、これまでに約11万箇所、12.7万ha整備されてきました。

　これを多いと見るべきか、少ないと見るべきか、どのくらいあればいいのかは一概には言えませんし、地域差もあります。

　今回の話では、都市公園の整備水準を示す1つの指標である「一人当たり都市公園等面積」※を中心に、都市公園の整備水準の考え方について解説します。

| 都道府県名 | 箇所数 | 都市公園等面積（ha） | 一人当たり公園面積（m²/人） | 都道府県名 | 箇所数 | 都市公園等面積（ha） | 一人当たり公園面積（m²/人） | 政令指定都市名 | 箇所数 | 都市公園等面積（ha） | 一人当たり公園面積（m²/人） |
|---|---|---|---|---|---|---|---|---|---|---|---|
| 北海道 | 4,923 | 11,559 | 39.7 | 滋賀県 | 616 | 1,276 | 9.2 | 札幌市 | 2,741 | 2,492 | 12.7 |
| 青森県 | 876 | 2,069 | 18.2 | 京都府 | 1,466 | 1,308 | 12.6 | 仙台市 | 1,793 | 1,636 | 15.2 |
| 岩手県 | 1,272 | 1,534 | 15.6 | 大阪府 | 4,410 | 3,103 | 5.9 | さいたま市 | 988 | 667 | 5.1 |
| 宮城県 | 1,299 | 2,382 | 23.9 | 兵庫県 | 4,408 | 4,433 | 11.6 | 千葉市 | 1,150 | 973 | 10.0 |
| 秋田県 | 609 | 1,878 | 23.2 | 奈良県 | 2,423 | 1,829 | 13.7 | 東京特別区 | 4,366 | 2,811 | 3.0 |
| 山形県 | 855 | 1,879 | 20.6 | 和歌山県 | 288 | 746 | 9.0 | 横浜市 | 2,689 | 1,841 | 4.9 |
| 福島県 | 1,196 | 2,364 | 13.7 | 鳥取県 | 314 | 658 | 14.0 | 川崎市 | 1,129 | 575 | 3.8 |
| 茨城県 | 2,111 | 2,782 | 9.9 | 島根県 | 413 | 1,104 | 20.5 | 相模原市 | 627 | 339 | 4.7 |
| 栃木県 | 2,227 | 2,780 | 14.6 | 岡山県 | 1,188 | 1,717 | 17.0 | 新潟市 | 1,411 | 834 | 10.6 |
| 群馬県 | 1,474 | 2,615 | 14.2 | 広島県 | 2,016 | 2,084 | 14.5 | 静岡市 | 507 | 432 | 6.3 |
| 埼玉県 | 4,364 | 4,493 | 7.5 | 山口県 | 1,143 | 1,995 | 15.8 | 浜松市 | 574 | 657 | 8.4 |
| 千葉県 | 6,093 | 3,314 | 6.4 | 徳島県 | 269 | 588 | 9.9 | 名古屋市 | 1,487 | 1,626 | 7.0 |
| 東京都 | 3,948 | 3,123 | 7.4 | 香川県 | 504 | 1,617 | 19.2 | 京都市 | 932 | 647 | 4.4 |
| 神奈川県 | 3,165 | 2,294 | 7.2 | 愛媛県 | 620 | 1,568 | 12.9 | 大阪市 | 992 | 957 | 3.5 |
| 新潟県 | 995 | 2,283 | 18.0 | 高知県 | 885 | 755 | 12.8 | 堺市 | 1,183 | 705 | 8.5 |
| 富山県 | 2,064 | 1,626 | 15.5 | 福岡県 | 2,737 | 2,223 | 9.0 | 神戸市 | 1,659 | 2,687 | 17.6 |
| 石川県 | 1,127 | 1,549 | 14.5 | 佐賀県 | 266 | 877 | 12.0 | 岡山市 | 467 | 1,144 | 16.5 |
| 福井県 | 924 | 1,198 | 17.0 | 長崎県 | 1,206 | 1,533 | 14.2 | 広島市 | 1,153 | 909 | 7.8 |
| 山梨県 | 207 | 793 | 11.0 | 熊本県 | 749 | 816 | 10.8 | 北九州市 | 1,716 | 1,175 | 12.5 |
| 長野県 | 980 | 2,793 | 14.8 | 大分県 | 1,149 | 1,277 | 13.4 | 福岡市 | 1,695 | 1,306 | 8.5 |
| 岐阜県 | 1,455 | 2,030 | 11.0 | 宮崎県 | 1,014 | 1,935 | 21.0 | 熊本市 | 1,034 | 689 | 9.4 |
| 静岡県 | 1,490 | 2,045 | 9.6 | 鹿児島県 | 1,323 | 1,951 | 13.9 | 政令市計 | 30,293 | 25,103 | 6.8 |
| 愛知県 | 3,325 | 4,212 | 8.1 | 沖縄県 | 811 | 1,512 | 10.9 | | | | |
| 三重県 | 2,789 | 1,716 | 10.6 | 都道府県計 | 79,986 | 102,218 | 12.2 | 全国計 | 110,279 | 127,321 | 10.6 |

（平成31年（2019年）3月31日現在）

注）特定地区公園（カントリーパーク）を含む。
　　都道府県分には政令市分は含まない。
　　面積は小数点以下第1位を四捨五入。
　　東日本大震災で大きな被害を受けた宮城県、福島県の一部地域は平成21年度（2009年度）末の数値を使用。

平成30年度（2018年度）末都道府県別一人当たり都市公園等整備状況 1)

※一人当たり都市公園等面積＝全国の都市公園等の面積÷都市計画区域内人口
　都市公園等：都市公園、都市公園に準じた施設である特定地区公園（カントリーパーク）

都市公園って日本にどのくらいあるんですか？

都市公園は、都市公園法ができた昭和31年（1956年）から設置されてきたわけですが、これまでに約11万箇所、約12.7万haが都市公園として供用されています（図1）。

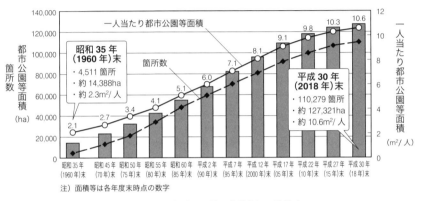

図1　全国の都市公園等の整備状況の推移[1]

昭和35年（1960年）当時から比べたら面積は8倍以上になっているんですね。かなり整備が進んできたようにも見えますが、これって多いんですか？　それともまだ少ないんですか？

難しい質問ですね。12.7万haを都市計画区域内人口で割ると10.6m²/人になります。
簡単に言うと、国民一人一人が概ね10m²分の公園を持っているというイメージです。

10m²……、つまり6畳一間くらいの公園を私も持っている、という計算になるんですね。

その通りです。
都市公園法施行令第 1 条の 2 では、住民一人当たりの都市公園の敷地面積の標準を 10m$^2$ 以上と規定していて、それを既に超えていることになりますから、全国レベルで見ると多いとも言えます。

【都市公園法施行令　抄】
第一条の二　一の市町村（特別区を含む。以下同じ。）の区域内の都市公園の住民一人当たりの敷地面積の標準は、十平方メートル（当該市町村の区域内に都市緑地法（昭和四十八年法律第七十二号）第五十五条第一項若しくは第二項の規定による市民緑地契約又は同法第六十三条に規定する認定計画に係る市民緑地（以下この条において単に「市民緑地」という。）が存するときは、十平方メートルから当該市民緑地の住民一人当たりの敷地面積を控除して得た面積）以上とし、当該市町村の市街地の都市公園の当該市街地の住民一人当たりの敷地面積の標準は、五平方メートル（当該市街地に市民緑地が存するときは、五平方メートルから当該市民緑地の当該市街地の住民一人当たりの敷地面積を控除して得た面積）以上とする。

ただ、東京など人口が多いところは 10m$^2$/ 人に達していないところも多いですし、ロンドンやニューヨークなど諸外国の主要都市と比べると 10m$^2$/ 人でもまだ少ないとも言えます（図 2）。

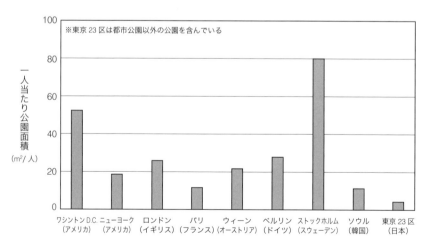

図 2　諸外国の都市における公園の現況[1]

でも、全国的に見たらもう法令で定めている標準である 10m$^2$/ 人を達成しているんですよね。それなら、これ以上都市公園はつくらなくていいんですか?

この 10m$^2$/ 人は、あくまでも現実性を踏まえた途中段階の目標値としての性格を有しているので、都市公園をこの水準までつくればいいという最終目標ではありません[2]。
それに、この 10m$^2$/ 人もあくまで**参酌基準**なので、実際にどれだけ公園が必要かという水準は各地方公共団体が決めることになっています。

サンシャクキジュン?

「参酌すべき基準」、つまり地方公共団体が自ら基準を設定する上で参考にすべき基準ということです。
昔は法令で全国一律の基準を定めていましたが、何でも国が一律に基準を定めるのはおかしいのではないか、地方の実情に応じて地方が基準を設定してもいいのではないか、という声を受けた平成 23 年 (2011 年) の「地方分権一括法 (第 2 次一括法)」で今のような形になりました。

【都市公園法 抄】
[改正前]
(都市公園の設置基準)
第三条　地方公共団体が都市公園を設置する場合においては、政令で定める都市公園の配置及び規模に関する技術的基準に適合するように行うものとする。

↓

[改正後]
(都市公園の設置基準)
第三条　地方公共団体が都市公園を設置する場合においては、政令で定める都市公園の配置及び規模に関する技術的基準を参酌して条例で定める基準に適合するように行うものとする。

つまり、今はこの施行令の 10m$^2$/ 人という基準を参考にして、各地方公共団体が自分たちで基準を決めているっていうことですか?

その通りです。地方公共団体が法令の範囲内で定める自分たちの決まりを「**条例**」と言いますが、その中でそれぞれ基準を定めています。例えば、私たちのＡ市は施行令と同じ 10m$^2$/ 人としていますが、20m$^2$/ 人としている市だってあります。

【Ａ市公園条例　抄】
第○条　本市の区域内の公園の住民１人当たりの敷地面積の標準は、<u>10 平方メートル</u>以上とする。

【Ｂ市都市公園条例　抄】
（都市公園の設置基準）
第３条の２　法第３条第１項の条例で定める基準は、都市公園法施行令第１条の２及び第２条に定めるところによる。この場合において、令第１条の２中「10 平方メートル」とあるのは、「<u>20 平方メートル</u>」とする。

ちなみに、都市公園法ができた昭和 31 年（1956 年）当時は 6m$^2$/ 人以上を標準としていましたが、平成５年（1993 年）の施行令改正で 10m$^2$/ 人に引き上げられました。

今はその 10m$^2$/ 人も超えているんですよね。
だったら、施行令の標準も 15 とか 20m$^2$/ 人に引き上げないんですか？

昔はこの一人当たり公園面積をどんどん伸ばしていくことが国としての都市公園整備の大きな目標だったわけですが、今はこの数字を伸ばしていくことは目標とは考えていないようです。
そもそも日本は既に人口減少社会に突入しているので、整備目標としてあまり意味のある指標ではありませんからね。

そういえばそうですね。都市公園面積が変わらなくても、分母である人口が減ったら一人当たり公園面積としては増えますからね。

足りないからつくる、という単純な時代ではなくなったということ
です。まだ足りていないところにはつくる必要があるし、ある程度
足りているところもつくったものをちゃんと管理して、より良くし
ていく必要があります。
量より質を議論する時代になってきたんですね。
都市や公園の専門家たちが議論して「今後の公園緑地行政はこうあ
るべきだ」という方向性をとりまとめた平成28年（2016年）の国
土交通省の報告書[3]では、こういう風に書かれていますよ。

【「新たなステージに向けた緑とオープンスペース政策の展開について」抄】
（略）
　都市政策全体が転換点を迎えている中、緑とオープンスペース政策は、
このような社会状況の変化を好機と捉え、より一層住みやすく、持続可能
な都市への再構築を全国各地で進めるため、新たなステージへ移行してい
くべきである。
　これまでのステージでは、経済の成長や人口の増加を背景に、欧米の都
市に比して絶対的に不足している都市公園の量的な確保を急ぐこと、強い
開発圧力から良好な緑地を保全することが重視されてきた。
　これに対して、社会が成熟化し、市民の価値観も多様化する中、社会資
本も一定程度整備されたステージは、緑とオープンスペース政策は、都
市公園の確保や緑地の保全といった視野のみに留まらず、緑とオープンス
ペースの多機能性を、都市のため、地域のため、市民のために引き出すこ
とまでが役割であると再認識し、その視野を広げて各種施策に取り組むこ
とが必要である。

「新たなステージ」ですか。緑とオープンスペースの多機能性を引き
出すって、何だか難しそうですね　　　。

そうですね。都市公園は数も多い上に、1つとして同じ公園はない
ので、その管理運営は決して簡単なものではありません。身近な施
設なので要望や苦情だって少なくありません。
でも、この報告書にあるように、これからの公園管理者には、都市
公園というすごいポテンシャルを持っている資産の管理を任されて
いる、ということを再認識した上で、公園の価値を高めることで都
市の価値をより高める、という発想が求められています。

公園の中を見て仕事するのはもちろんだけど、もっと広い視野を持
って仕事することが求められているんですね。

**注・出典**

1) 国土交通省「都市公園等整備の現況（平成30年度（2018年度）末）」（都市公園データベースより）
〈http://www.mlit.go.jp/crd/park/joho/database/t_kouen/〉

2) 国土交通省（2018）「都市公園法運用指針（第4版）」p.4

3) 国土交通省（2017）「新たなステージに向けた緑とオープンスペース政策の展開について（新たな時代の都市マネジメント
に対応した都市公園等のあり方検討会　最終報告書）」

# COLUMN　公園緑地行政の今後の方向性

　本文中で今後の公園緑地行政の方向性として紹介した**「新たなステージに向けた緑とオープンスペース政策の展開について」**は、**「新たな時代の都市マネジメントに対応した都市公園等のあり方検討会」**（以下、本書では**「あり方検討会」**と言う。）における検討結果をまとめた最終的な報告書です。

　このあり方検討会は、人口減少・少子高齢化社会におけるオープンスペースの再編や利活用のあり方、まちの活力と個性を支える都市公園の運営のあり方等について、有識者や地方公共団体の意見を伺いながら検討するために国土交通省が平成 26 年（2014 年）に設置しました。

　進士五十八氏（福井県立大学学長）を座長として計 9 回にわたって行われた検討結果が、平成 28 年（2016 年）に最終報告書としてとりまとめられ、平成 29年（2017 年）の都市公園法の改正につながっていきます。

　都市公園法を改正するに至った時代背景や今後の都市公園はどういう点に気を付けて整備、管理していけばいいのかを理解する上で重要な資料で、以下の国土交通省ウェブサイトに概要及び本文が掲載されています。

□国土交通省ウェブサイト
http://www.mlit.go.jp/toshi/park/toshi_parkgreen_tk_000064.html

# 第3話　都市公園にはどのような種類がある？

　都市公園は全国に約11万箇所ありますが、一口に都市公園といっても、様々な種類があります。

　小さな公園から大きな公園、遊具主体の公園から運動施設主体の公園まで、大きさも違えば、施設内容も違います。

　今回の話では、都市公園の種類とそれぞれの特徴を解説します。

| 種　類 | 種　別 | 内　容 |
|---|---|---|
| 住区基幹公園 | 街区公園 | 主として街区内に居住する者の利用に供することを目的とする公園で1箇所当たり面積0.25haを標準として配置する。 |
| | 近隣公園 | 主として近隣に居住する者の利用に供することを目的とする公園で1箇所当たり面積2haを標準として配置する。 |
| | 地区公園 | 主として徒歩圏内に居住する者の利用に供することを目的とする公園で1箇所当たり面積4haを標準として配置する。 |
| 都市基幹公園 | 総合公園 | 都市住民全般の休息、観賞、散歩、遊戯、運動等総合的な利用に供することを目的とする公園で都市規模に応じ1箇所当たり面積10〜50haを標準として配置する。 |
| | 運動公園 | 都市住民全般の主として運動の用に供することを目的とする公園で都市規模に応じ1箇所当たり面積15〜75haを標準として配置する。 |
| 大規模公園 | 広域公園 | 主として一の市町村の区域を超える広域のレクリエーション需要を充足することを目的とする公園で、地方生活圏等広域的なブロック単位ごとに1箇所当たり面積50ha以上を標準として配置する。 |
| | レクリエーション都市 | 大都市その他の都市圏域から発生する多様かつ選択性に富んだ広域レクリエーション需要を充足することを目的とし、総合的な都市計画に基づき、自然環境の良好な地域を主体に、大規模な公園を核として各種のレクリエーション施設が配置される一団の地域であり、大都市圏その他の都市圏域から容易に到達可能な場所に、全体規模1,000haを標準として配置する。 |
| 緩衝緑地等 | 特殊公園 | 風致公園、墓園等の特殊な公園で、その目的に則し配置する。 |
| | 緩衝緑地 | 大気汚染、騒音、振動、悪臭等の公害防止、緩和若しくはコンビナート地帯等の災害の防止を図ることを目的とする緑地で、公害、災害発生源地域と住居地域、商業地域等とを分離遮断することが必要な位置について公害、災害の状況に応じ配置する。 |
| | 都市緑地 | 主として都市の自然的環境の保全並びに改善、都市の景観の向上を図るために設けられている緑地で、1箇所当たり面積0.1ha以上を標準として配置する。但し、既成市街地等において良好な樹林地等がある場合あるいは植樹により都市に緑を増加又は回復させ都市環境の改善を図るために緑地を設ける場合にあってはその規模は0.05ha以上とする。（市計画決定を行わずに借地により整備し都市公園として配置するものを含む） |
| | 都市林 | 主として動植物の生息地又は生育地である樹林地等の保護を目的とする都市公園であり、都市の良好な自然的環境を形成することを目的として配置する。 |
| | 広場公園 | 主として市街地の中心部における休息又は観賞の用に供することを目的として配置する。 |
| | 緑道 | 災害時における避難路の確保、都市生活の安全性及び快適性の確保等を図ることを目的として、近隣住区又は近隣住区相互を連絡するように設けられる植樹帯及び歩行者路又は自転車路を主体とする緑地で幅員10〜20mを標準として、公園、学校、ショッピングセンター、駅前広場等を相互に結ぶよう配置する。 |
| 国営公園 | | 一の都府県の区域を超えるような広域的な利用に供することを目的として国が設置する大規模な公園にあっては、1箇所当たり面積おおむね300ha以上として配置する。国家的な記念事業等として設置するものにあっては、その設置目的にふさわしい内容を有するように配置する。 |

**都市公園の種類一覧**

都市公園にはどのような種類があるんですか？

一口に都市公園と言っても、すごく小さい街角の公園から東京ドーム何十個分という広い公園まであり、その設置目的も様々です。
まずは、小さくて身近な公園から説明しましょう。標準面積が小さい順に、**街区公園、近隣公園、地区公園**というのがあって、それらをまとめて**住区基幹公園**と呼んでいます（表1、写真1）。

| 種　類 | 種　別 | 内　容 |
|---|---|---|
| 住区基幹公園 | 街区公園 | 主として街区内に居住する者の利用に供することを目的とする公園で1箇所当たり面積0.25haを標準として配置する。 |
| | 近隣公園 | 主として近隣に居住する者の利用に供することを目的とする公園で1箇所当たり面積2haを標準として配置する。 |
| | 地区公園 | 主として徒歩圏内に居住する者の利用に供することを目的とする公園で1箇所当たり面積4haを標準として配置する。 |

表1　住区基幹公園一覧

写真1　街区公園イメージ

住区基幹公園は、都市計画上、図1のような**近隣住区**の考え方を参考にした配置が望ましいとされています。
近隣住区は日常生活圏の単位で、大体1近隣住区（1km×1km）≒1小学校区に街区公園は4つ、近隣公園は1つあることが望ましいとされています。

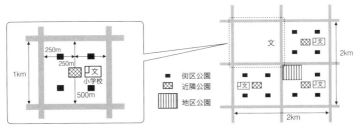

**住区レベル（1近隣住区）**
標準面積：100ha（1km×1km）
標準人口：10,000人
街区公園：4箇所
近隣公園：1箇所
街区公園：標準面積0.25ha　誘致距離250m
近隣公園：標準面積2ha　誘致距離500m

**地区レベル（4近隣住区）**
標準面積：400ha
標準人口：40,000人
街区公園：16箇所
近隣公園：4箇所
地区公園：1箇所
地区公園：標準面積4ha　誘致距離1km

図1　近隣住区の考え方に基づく住区基幹公園の配置イメージ

今まであまり意識したことなかったですが、公園ってこうやってみんなが利用しやすいように、計画的に配置するように考えられているんですね。
都市公園の種類や配置は法律に書いてあるんですか？

都市公園の種類は明確に都市公園法に書いてあるわけではありません。
施行令第2条第1項には配置の基準などが記載されていますが、具体的な名称は出てこなくて、第1号～第3号がそれぞれ街区公園、近隣公園、地区公園に相当します。

【都市公園法施行令　抄】
（地方公共団体が設置する都市公園の配置及び規模の基準）
第二条　地方公共団体が次に掲げる都市公園を設置する場合においては、それぞれその特質に応じて当該市町村又は都道府県における都市公園の分布の均衡を図り、かつ、防火、避難等災害の防止に資するよう考慮するほか、次に掲げるところによりその配置及び規模を定めるものとする。

一　主として街区内に居住する者の利用に供することを目的とする都市公園［＝街区公園］は、街区内に居住する者が容易に利用することができるように配置し、その敷地面積は、〇・二五ヘクタールを標準として定めること。
二　主として近隣に居住する者の利用に供することを目的とする都市公園［＝近隣公園］は、近隣に居住する者が容易に利用することができるように配置し、その敷地面積は、二ヘクタールを標準として定めること。
三　主として徒歩圏域内に居住する者の利用に供することを目的とする都市公園［＝地区公園］は、徒歩圏域内に居住する者が容易に利用することができるように配置し、その敷地面積は、四ヘクタールを標準として定めること。

※［　］内は原文にはないが、分かりやすくするために追記。以下同様。

ちなみに、この都市公園の規模や配置の基準も今では参酌基準なので、都市計画上の近隣住区の考え方を参考に、条例で独自の基準を定めてもいいのです。

なるほど。でも、都市公園法に書いていないんだったら、「街区公園」とかの名称はどこで決まっているんですか？

**都市計画法施行規則**に都市計画で定めるときの**公園の種別**として街区公園などの名称が出てきます。街区公園などの公園の名称が具体的に出てくるのは法令ではここだけです。

【都市計画法施行規則　抄】
第七条　令第六条第二項の国土交通省令で定める種別及び構造の細目は、次の各号に掲げる種別及び構造について、それぞれ当該各号に掲げるものとする。
　　五　公園の種別　街区公園、近隣公園、地区公園、総合公園、運動公園、広域公園又は特殊公園の別

ふむふむ。街区公園などの3つはもう出てきたから、あとは**総合公園**、**運動公園**、**広域公園**、**特殊公園**の4つで全てですか？

都市計画決定上の公園の種別はこの7つですが、一般的に使われている都市公園の種類は他にもあります。
施行令第2条第1項第4号には、総合公園、運動公園、広域公園に相当する都市公園について以下のように規定されていますが、都市公園法ではなく「レクリエーション都市整備要綱」[1]を根拠とする**レクリエーション都市**というのも、都市公園の1つに数えられています。

【都市公園法施行令　抄】
（地方公共団体が設置する都市公園の配置及び規模の基準）
第二条
（略）
　　四　主として一の市町村の区域内に居住する者の休息、観賞、散歩、遊戯、運動等総合的な利用に供することを目的とする都市公園［＝総合公園］、主として運動の用に供することを目的とする都市公園［＝運動公園］及び一の市町村の区域を超える広域の利用に供することを目的とする都市公園［＝広域公園］で、休息、観賞、散歩、遊戯、運動等総合的な利用に供されるものは、容易に利用することができるように配置し、それぞれその利用目的に応じて都市公園としての機能を十分発揮することができるようにその敷地面積を定めること

そして、一般に、1つの市町村の区域内を対象として配置を検討する総合公園、運動公園を**都市基幹公園**、1つの市町村の区域を越える広域の圏域を対象として配置を検討する広域公園、レクリエーション都市を**大規模公園**と分類しています（表2）。

| 種 類 | 種 別 | 内 容 |
|---|---|---|
| 都市基幹公園 | 総合公園 | 都市住民全般の休息、鑑賞、散歩、遊戯、運動等総合的な利用に供することを目的とする公園で都市規模に応じ1箇所当たり面積 10 〜 50ha を標準として配置する。 |
| | 運動公園 | 都市住民全般の主として運動の用に供することを目的とする公園で都市規模に応じ1箇所当たり面積 15 〜 75ha を標準として配置する。 |
| 大規模公園 | 広域公園 | 主として一の市町村の区域を超える広域のレクリエーション需要を充足することを目的とする公園で、地方生活圏等広域的なブロック単位ごとに1箇所当たり面積 50ha を標準として配置する。 |
| | レクリエーション都市 | 大都市その他の都市圏域から発生する多様かつ選択性に富んだ広域レクリエーション需要を充足することを目的とし、総合的な都市計画に基づき、自然環境の良好な地域を主体に、大規模な公園を核として各種レクリエーション施設が配置される一団の地域であり、大都市圏その他の都市圏域から容易に到達可能な場所に、全体規模 1,000ha を標準として配置する。 |

表2　都市基幹公園、大規模公園一覧

都市計画法施行規則に出てくる7つだけじゃないんですね。

まだまだあります。第1話で都市公園は「公園又は緑地」だと説明しましたが、緑地に相当するのが**緩衝緑地、都市緑地、緑道**です。その他に特殊公園には更に細分類として**風致公園、墓園**もありますし、平成5年（1993年）の施行令改正で追加された**都市林、広場公園**もあります（表3）。

| 種 類 | 種 別 | 内 容 |
|---|---|---|
| 緩衝緑地等 | 緩衝緑地 | 大気汚染、騒音、振動、悪臭等の公害防止、緩和若しくはコンビナート地帯等の災害の防止を図ることを目的とする緑地で、公害、災害発生源地域と住居地域、商業地域等とを分離遮断することが必要な位置について公害、災害の状況に応じ配置する。 |
| | 都市緑地 | 主として都市の自然的環境の保全並びに改善、都市の景観の向上を図るために設けられている緑地であり、1箇所当たり面積 0.1ha 以上を標準として配置する。但し、既成市街地等において良好な樹林地等がある場合あるいは植樹により都市に緑を増加又は回復させ都市環境の改善を図るために緑地を設ける場合にあってはその規模を 0.05ha 以上とする。（都市計画決定を行わずに借地により整備し都市公園として配置するものを含む） |
| | 緑道 | 災害時における避難路の確保、都市生活の安全性及び快適性の確保等を図ることを目的として、近隣住区又は近隣住区相互を連絡するように設けられる植樹帯及び歩行者路又は自転車路を主体とする緑地で幅員 10 〜 20m を標準として、公園、学校、ショッピングセンター、駅前広場等を相互に結ぶよう配置する。 |
| | 特殊公園 | 風致公園、墓園等の特殊な公園で、その目的に則し配置する。 |
| | 都市林 | 主として動植物の生息地又は生育地である樹林地等の保護を目的とする都市公園であり、都市の良好な自然的環境を形成することを目的として配置する。 |
| | 広場公園 | 主として市街地の中心部における休息又は観賞の用に供することを目的として配置する。 |

表3　その他の都市公園　一覧

【都市公園法施行令　抄】
（地方公共団体が設置する都市公園の配置及び規模の基準）
第二条
2　地方公共団体が、主として公害又は災害を防止することを目的とする緩衝地帯としての都市公園［＝緩衝緑地］、主として風致の享受の用に供することを目的とする都市公園［＝風致公園］、主として動植物の生息地又は生育地である樹林地等の保護を目的とする都市公園［＝都市林］、主として市街地の中心部における休息又は観賞の用に供することを目的とする都市公園［＝広場公園］等前項各号に掲げる都市公園以外の都市公園を設置する場合においては、それぞれその設置目的に応じて都市公園としての機能を十分発揮することができるように配置し、及びその敷地面積を定めるものとする。

まだあるんですか !?
覚えきれるかな……。

それと、都市公園を整備・管理主体によって分類すると、国が整備・管理する**国営公園**、都道府県が整備・管理する**都道府県営公園**、市区町村が整備・管理する**市区町村営公園**に分かれます。

国がつくる公園っていうのもあるんですね。

はい。
当初法では都市公園を整備・管理する主体は地方公共団体だけでしたが、昭和51年（1976年）の改正で、国も都市公園を整備・管理する主体に追加されました。
国営公園は都市公園法第2条第1項第2号のイ、ロどちらを根拠とするかによって、**イ号国営公園**、**ロ号国営公園**に分類されています。

【都市公園法　抄】
（定義）
第二条　この法律において「都市公園」とは、次に掲げる公園又は緑地で、その設置者である地方公共団体又は国が当該公園又は緑地に設ける公園施設を含むものとする。
（略）
　二　次に掲げる公園又は緑地で国が設置するもの
　　　イ　一の都府県の区域を超えるような広域の見地から設置する都市計画施設である公園又は緑地（ロに該当するものを除く。）
　　　ロ　国家的な記念事業として、又は我が国固有の優れた文化的資産の保存及び活用を図るため閣議の決定を経て認定する都市計画施設である公園又は緑地

# 海の中道海浜公園

| 所在地 | 福岡県福岡市 |
|---|---|
| 公園管理者 | 国 |
| 種別 | 国営公園（イ号） |
| 供用開始年 | 昭和 56 年（1981 年） |
| 供用面積 | 約 298ha（平成 30 年度（2018 年度）末） |
| 利用者数 | 約 240 万人（平成 30 年度（2018 年度）） |
| 特徴等 | 福岡市の博多湾と玄界灘を隔てる半島、通称「海の中道」の中央部に位置。北部九州の広域的レクリエーション需要に対応するために設置された多様な施設を有する国営公園。 |

# 吉野ヶ里歴史公園

| 所在地 | 佐賀県神埼市、神埼郡吉野ヶ里町 |
|---|---|
| 公園管理者 | 国 |
| 種別 | 国営公園（ロ号） |
| 供用開始年 | 平成 13 年（2001 年） |
| 供用面積 | 約 53ha（平成 30 年度（2018 年度）末） |
| 利用者数 | 約 77 万人（平成 30 年度（2018 年度）） |
| 特徴等 | 弥生時代の大規模環濠集落である吉野ヶ里遺跡の保存、活用を図るために設置された国営公園。佐賀県が整備、管理する県営公園と一体となって利用されている。 |

県営・市営の都市公園はこれまで紹介してきた住区基幹公園等のいずれかに該当します。身近な公園である住区基幹公園の整備・管理を市区町村が、広域公園など規模が大きな公園を都道府県が整備・管理することが多いですよ。

う〜ん、本当にいっぱいあるんですね。
つまり、国・都道府県・市区町村がそれぞれの役割分担に基づいて、大きさも、目的も違う色々な種類の都市公園を整備・管理しているってことなんですね。

その通りです。
ちなみに、それぞれの都市公園の全国の整備状況は表4のとおりです。大体のボリューム感がこれで分かると思います。

| | 箇所数 | 面積（ha） |
|---|---|---|
| 住区基幹公園 | 95,463 | 33,217 |
| 　街区公園 | 88,052 | 14,198 |
| 　近隣公園 | 5,792 | 10,430 |
| 　地区公園 | 1,619 | 8,589 |
| 都市基幹公園 | 2,209 | 39,077 |
| 　総合公園 | 1,375 | 26,099 |
| 　運動公園 | 834 | 12,978 |
| 大規模公園 | 221 | 15,470 |
| 　広域公園 | 215 | 14,906 |
| 　レクリエーション都市 | 6 | 564 |
| 緩衝緑地等 | 12,011 | 33,804 |
| 　特殊公園 | 1,360 | 13,713 |
| 　緩衝緑地 | 240 | 1,814 |
| 　都市緑地 | 8,939 | 16,259 |
| 　都市林 | 156 | 932 |
| 　広場公園 | 348 | 163 |
| 　緑道 | 968 | 923 |
| 国営公園 | 17 | 4,251 |
| 合計 | 109,921 | 125,819 |

（平成31年（2019年）3月31日現在）
注）面積は小数点以下第1位を四捨五入。
　　東日本大震災で大きな被害を受けた宮城県、福島県の一部地域は平成21年度（2009年度）末の数値を使用。

表4　種別毎の都市公園整備現況 [2]

なるほど。
勉強になります。

**注・出典**

1）レクリエーション都市整備要綱（昭和 45 年（1970 年）12 月 10 日建設省決定）
2）国土交通省調べ（都市公園データベースより）
　〈http://www.mlit.go.jp/crd/park/joho/database/t_kouen/〉

# COLUMN　　法律？　政令？　省令？

　本書では、○○法や施行令という言葉が頻繁に出てきますので、簡単に解説します。

　大まかに言うと、**「法律」**が最も上位で基本的な事項を規定し、それより細かい規定を**「政令」**で定め、政令より更に細かい規定を**「省令」**で定めている、という階層構造になっています。（法律、政令、省令をまとめて**「法令」**と呼ぶ）

　都市公園の法体系に具体的に当てはめると、**法律は「都市公園法」、政令は「都市公園法施行令」、省令は「都市公園法施行規則」**となります。

| 法律 | 国会の議決を経て制定 |
|---|---|

↓

| 政令 | 憲法や法律の規定を実施するために内閣が制定 |
|---|---|

↓

| 省令 | 法律若しくは政令を施行するため、又は法律若しくは政令の特別の委任に基づいて各省大臣が発する命令 |
|---|---|

　例えば、都市公園法で公園施設を具体的に列挙していますが、法律に全て規定されておらず、法律→政令→国土交通省令とそれぞれで規定されている施設もあるため、政令、省令も読んでいかないと全体像が分からないこともあります。

## □法第2条の公園施設に関係する法律、政令、省令

| 法律 | 都市公園法　第2条<br>2　この法律において「公園施設」とは、都市公園の効用を全うするための当該都市公園に設けられる次に掲げる施設をいう。<br>（略）<br>九　前各号に掲げるもののほか、都市公園の効用を全うする施設で**政令**で定めるもの |
|---|---|

| 政令 | 都市公園法施行令　第5条<br>8　法第二条第二項第九号の政令で定める施設は、展望台及び集会所並びに食糧、衣料品等災害応急対策に必要な物資の備蓄倉庫その他災害応急対策に必要な施設で**国土交通省令**で定めるものとする。 |
|---|---|

| 国土交通省令 | 都市公園法施行規則<br>第一条の二　令第五条第八項の国土交通省令で定める災害応急対策に必要な施設は、耐震性貯水槽、放送施設、情報通信施設、ヘリポート、係留施設、発電施設及び延焼防止のための散水施設とする。 |
|---|---|

# 第4話　都市公園は何の役に立っている？

　都市公園があることで、日々の生活にどのようなメリットがあるのでしょうか。それは、都市公園がない世界を想像してみた方が分かりやすいかもしれません。

　もし都市公園がなかったら……都市はコンクリートやアスファルトだらけで、子供が青空の下で安全に遊べる場を探すのに苦労するかもしれません。都市の空気は汚れ、ヒートアイランド現象で都市はより暑く、地震などの災害が起こったときには避難場所に困るかもしれません。

　都市公園は、遊んだり、運動したり、休憩したりといった比較的実感しやすい直接的に利用できるという効果のほか、環境を守ったり、防災に役立ったりといった存在するだけで発揮する効果もあることが特徴です。

　近年では、都市公園の活用や賑わいといった側面ばかりに目が行きがちですが、他にも多面的な機能があることを理解いただくと、都市公園を使いこなすのに役立つと思います。

## ❑ 都市公園の多様な機能の例（都市公園のストック効果）

| 効果の種類 | 内　容 |
|---|---|
| ①防災性向上効果 | 災害発生時の避難地、防災拠点等となることによって都市の安全性を向上させる効果 |
| ②環境維持・改善効果 | 生物多様性の確保、ヒートアイランドの解消等の都市環境の改善をもたらす効果 |
| ③健康・レクリエーション空間提供効果 | 健康運動、レクリエーションの場となり心身の健康増進等をもたらす効果 |
| ④景観形成効果 | 季節感を享受できる景観の提供、良好な街並みの形成効果 |
| ⑤文化伝承効果 | 地域の文化を伝承、発信する効果 |
| ⑥子育て、教育効果 | 子どもの健全な育成の場を提供する効果 |
| ⑦コミュニティ形成効果 | 地域のコミュニティ活動の拠点となる場、市民参画の場を提供する効果 |
| ⑧観光振興効果 | 観光客の誘致等により地域の賑わい創出、活性化をもたらす効果 |
| ⑨経済活性化効果 | 企業立地の促進、雇用の創出等により経済を活性化させる効果 |

(出典：都市公園のストック効果向上に向けた手引き（国土交通省都市局資料））

都市公園があることで私たちにとってどのような良いことがあるんですか?

都市公園があることで私たちは色々なメリットを得ています。まずは「**利用効果**」と「**存在効果**」から説明しましょう[1]。

利用効果?
存在効果?

都市公園があれば、そこで遊んだり、芝生でご飯を食べたり、グラウンドでスポーツしたりできますよね。

私も天気が良い日は近くの公園でお弁当を食べたりしてます。

そういった都市公園に行って直接利用できるという効果が利用効果です(図1)。

| 休養・休息の場 | 教養、文化活動等の様々な余暇活動の場 | 子供の健全な育成の場、スポーツ・健康運動の場 |
|---|---|---|

図1　都市公園がもつ主な利用効果のイメージ（出典：日本公園緑地協会「公園緑地マニュアル」）

なるほど。都市公園は、色々な人が色々な目的で利用できる場になりますからね。それじゃ、存在効果って何ですか?

例えば、都市公園は、良好な街並みを形成したり、生物の生息環境を提供したり、存在するだけで都市にとって良い効果があります。それを存在効果と言います(図2)。

| 緑の適切な配置による<br>良好な街並みの形成 | 生物の生息環境 | 延焼の遅延や防止 |
|---|---|---|

図2　都市公園がもつ主な存在効果のイメージ（出典：日本公園緑地協会「公園緑地マニュアル」）

公園って利用できるだけじゃなくて、そこにあるだけでも都市にとって良いことがあるんですね。

都市公園法ができる前の言葉ですが「公園は都市の窓であり、市民の肺である。そして又都市の品位美観を保持するのみでなく、繁劇なる市民の保健休養の源泉として缺くべからざるオアシスでもある」[2] という表現もあります。すごく端的に公園の本質を言い表していますね。

本当ですね。
市民の肺、オアシスですか……。

利用効果、存在効果をもう少し具体的な効果に分けて説明します。どの観点から説明するかによって色々な分け方がありますが、国土交通省では、都市公園のストック効果 [3] として以下の9つを挙げています。

□都市公園のストック効果（抜粋）

① 防災性向上効果
② 環境維持・改善効果
③ 健康・レクリエーション空間提供効果
④ 景観形成効果
⑤ 文化伝承効果
⑥ 子育て、教育効果
⑦ コミュニティ形成効果
⑧ 観光振興効果
⑨ 経済活性化効果

色々な効果があるんですね。

はい。まず**防災**から説明しましょう。都市公園は日常遊べるだけでなく、災害時にも役立ちます。
例えば、地震に伴って火災が発生した時には、緑とオープンスペースが緩衝地帯となって延焼を防ぐことにも役立ちますし、住民が避難する場所としても活用できます。

## 大国公園

| 所在地 | 兵庫県神戸市 |
|---|---|
| 公園管理者 | 神戸市 |
| 種別 | 街区公園 |
| 供用開始年 | 昭和46年（1971年） |
| 供用面積 | 約0.2ha（平成30年度（2018年度）末） |
| 特徴等 | 平成7年（1995年）の阪神・淡路大震災発生時に長田区における大規模火災の焼け止まりとなり、延焼防止に貢献。公園は、4m道路を隔てて焼失地域に接しており、避難地や消火・救助活動の拠点としても機能。 |

（出典：国土交通省「都市公園のストック効果事例集」）

## あづま総合運動公園

| 所在地 | 福島県福島市 |
|---|---|
| 公園管理者 | 福島県 |
| 種別 | 広域公園 |
| 供用開始年 | 昭和55年（1980年） |
| 供用面積 | 約98ha（平成30年度（2018年度）末） |
| 特徴等 | 平成23年（2011年）の東日本大震災の際に公園内の体育館を津波災害で住居を失った被災者等の避難場所として活用。延べ11万人余りの避難者を受け入れ。 |

（出典：国土交通省資料「市民の暮らし、都市の活力を支える公園緑地の多様な機能」）

そういえば、東日本大震災や熊本地震のときに被災された方が公園や体育館に避難しているニュース映像をよく見かけた気がします。

そうですね。そして、公園は避難する人だけじゃなく、被災地へ助けに行こうとする人たちにも有用です。

助けに行こうとする人？

自衛隊や消防の部隊のことです。都市公園は、こういった人たちが被災地で救助活動するための拠点になったり、公園内の体育館や陸上競技場が物資輸送の基地になったりと色々な形で使われます。
自衛隊がヘリで救助した人を下ろしたりしている場面を見たことがあると思いますが、あれも公園の中のグラウンド等を臨時ヘリポートとして使っていることも多いんですよ。

## 遠野運動公園

| 所在地 | 岩手県遠野市 |
|---|---|
| 公園管理者 | 遠野市 |
| 種別 | 運動公園 |
| 供用開始年 | 平成 2 年（1990 年） |
| 供用面積 | 約 29ha（平成 30 年度（2018 年度）末） |
| 特徴等 | 東日本大震災発生時に後方支援拠点として機能を発揮。全国の自衛隊、警察隊、消防隊が集結する場となり、被災地への救援活動の拠点基地として活用された。公園内の陸上競技場と軽スポーツ広場は自衛隊のヘリポートとして、多目的運動場・集いの広場・野球場・駐車場は自衛隊の野営地として使用された。 |

（出典：国土交通省「都市公園のストック効果事例集」）

## 白山運動公園

| 所在地 | 新潟県小千谷市 |
|---|---|
| 公園管理者 | 小千谷市 |
| 種別 | 運動公園 |
| 供用開始年 | 昭和 54 年（1979 年） |
| 供用面積 | 約 40ha（平成 30 年度（2018 年度）末） |
| 特徴等 | 平成 16 年（2004 年）の新潟県中越地震の際に、各地の消防部隊などが復旧支援活動の拠点として活用。 |

（出典：国土交通省「都市公園のストック効果事例集」）

確かにいざというときに都市の中にすぐ使える空いた土地ってなかなかないですからね。

もちろん、ただ単にスペースが空いているというだけで、災害時にすぐに活用できるというわけではありません。災害時に効果的に役立つためには日頃から備えておくことが重要です。

公園で災害時に備えるって、例えばどのようなことですか？

都市公園の中には、災害が起こった時のための資機材、物資を入れておく備蓄倉庫を設置するなどハード面で準備したり、部隊展開の拠点として公園を予め指定した上で、自衛隊や消防と訓練して有事に備えるなどソフト面で準備していたりする公園があります。
このように、災害時のことも考えた都市公園として整備、管理している公園を「防災公園」4) と呼んでいますよ。

防災公園 !?
今まであまり意識したことなかったですが、一見平和に見える都市公園も実は災害に備えて色々やっているんですね。

その通りです。
それに、アスファルトに覆われていない都市の中の貴重な緑地空間は、雨水を貯留、浸透させる効果もあります。水害の予防にもつながったりしますよ。

都市公園が実は市民の安全を守る施設だったとは！
驚きです。

## 三木総合防災公園

| 所在地 | 兵庫県三木市 |
|---|---|
| 公園管理者 | 兵庫県 |
| 種別 | 広域公園 |
| 供用開始年 | 平成 17 年（2005 年） |
| 供用面積 | 約 202ha（平成 30 年度（2018 年度）末） |
| 特徴等 | 阪神・淡路大震災の教訓をもとに、災害時に全県域を対象とする後方支援型防災拠点として、県立都市公園と広域防災センターを一体整備。東日本大震災時には、被災地へ災害救援に向かう山口県消防隊員の宿泊・宿営地として活用されるとともに、中国四川大地震などの海外の災害時にも備蓄物資を搬送するなど、後方支援型防災拠点としてこれまで多くの災害発生時に機能を発揮。 |

（出典：国土交通省「都市公園のストック効果事例集」）

## 東町公園

| 所在地 | 新潟県燕市 |
|---|---|
| 公園管理者 | 燕市 |
| 種別 | 近隣公園 |
| 供用開始年 | 平成 27 年（2015 年） |
| 供用面積 | 約 2ha（平成 30 年度（2018 年度）末） |
| 特徴等 | 「防災を学べる公園」をコンセプトとした公園であり、「お風呂になるパーゴラ」や「トイレスツール」など、6 種類の防災施設が設置されている。地域住民等のレクリエーションの場として利用されるほか、地元の避難訓練と防災施設の見学を組み合わせた実施などの工夫により、利用者の防災意識の向上に寄与している。 |

（出典：国土交通省「都市公園のストック効果事例集」）

次は**環境**です。都市公園は、樹木や草花など豊かな自然環境を保全したり、再生したりすることで地域固有の植物や動物を守ったり、生態系を豊かにする機能も持っています（図3）。

| 生物多様性の確保 | 地域固有種の保全 |
|---|---|
| 一度は失われた自然を公園整備により再生。平成27年（2015年）にはオオタカの営巣も確認されるなど生物多様性の確保に寄与 | 地域住民等の協力による下草刈りやデッキ整備を実施することで、市内最大規模のスズランの群生地の保全に寄与 |

図3　自然環境の保全・再生効果例（出典：国土交通省資料「都市公園のストック効果向上に向けた手引き」）

確かに自然の森がたくさん残っている公園もありますよね。

そして、自然豊かな空間があることは動植物だけでなく、人間にとっても良いことがあります。
植物の蒸発散効果等でヒートアイランド現象を緩和したり、グリーンベルトとなって市街地が無秩序に拡大するのを防いだりすることで、都市環境を改善する効果もありますよ（図4）。

| ヒートアイランド現象の緩和 | 市街地の無秩序な拡大を防止 |
|---|---|
| 公園内は植物の蒸散効果等により一日を通して市街地より気温が低く、にじみ出し現象で市街地に冷気を伝えている | 帯広の森がグリーンベルトとなり、市街地の拡大を防ぐとともに、都市部と農村部を区分する役割を担っている |

中心部と市街地の気温差は最大 1.5℃

図4　都市環境の改善効果例（出典：国土交通省資料「都市公園のストック効果向上に向けた手引き」）

人間を含む生き物が暮らしやすい環境を守るために都市公園は役立っているんですね。

そして都市公園は、**健康増進**や**レクリエーション活動**の場にもなります。これは分かりやすいですよね（図5）。

| スポーツに親しむ機会を提供 | 自然の中で心身をリフレッシュする機会を提供 |
|---|---|
| 競技場やマレットゴルフ場の整備等により、子どもから高齢者まで幅広い年代の住民に対してスポーツに親しむ機会を提供 | 小高い丘陵地にある公園が四季の自然を感じ、適度なハイキングが楽しめる場として心身のリフレッシュや高齢者の健康増進に寄与 |

佐久総合運動公園

金ケ崎公園

| 健康的なライフスタイルの提供 | レクリエーション空間の提供 |
|---|---|
| 自然に囲まれた公園内でガーデンヨガやウォーキングなどの運動機会を提供することで健康づくりに寄与 | 一般廃棄物の最終処分場跡地を公園整備。花見やバーベキューなど、多くの来訪者が訪れる憩いの場を提供 |

服部緑地

竜田古道の里公園

図5　健康増進効果例（出典：国土交通省資料「都市公園のストック効果向上に向けた手引き」）

はい。私も朝公園でジョギングしてます。車を気にしなくていいし、緑の中を走るのって気持ちいいんですよね。

そうですね。気軽に走れるジョギングコースから、国際的な大会が開催できるスタジアムまで、色々なスポーツができる空間が都市公園の中にはあります。日常的な運動の場としても、競技スポーツの場としても、都市公園は活用されているんですよ。

なるほど。心身の健康づくりからスポーツ振興まで色々役立っているわけですね。

それに都市公園は、季節感を感じることができる地域固有の**景観**を形成したり、**歴史**ある建物を保存・活用したり、**文化**や**伝統**を伝承、発信したりするのにも役立ちます。

景観とか歴史ってちょっと抽象的でイメージしにくいんですが……。例えばどういうことですか？

例えば、仙台市の定禅寺通緑地は、戦災復興計画で植えられたケヤキの若木が、長い年月をかけて都市の復興、発展とともに生長することで、今では「杜の都・仙台」を象徴する風景の1つになっています。

公園がその都市の景観を語る上ですごく重要な要素になるんですね。

はい。それに、日本庭園のように日本を代表する文化を公園の中で保存、継承したり、地域固有の伝統芸能、行事などの無形の文化的資源を後世に伝える場になったりします（図6）。

| 都市のシンボルの形成 | 象徴的な都市景観の形成 |
|---|---|
| 戦後に植えたケヤキ並木が、およそ60年の歳月をかけて美しい都市景観を形成。多くの人が集まる都のシンボルとなる | 明治後期に整備した公園が、土地の発展と共に札幌の象徴的な都市景観を形成 |

定禅寺通緑地

大通公園

| 地域固有の景観の保全、活用 | 日本の歴史的な景観美を世界に発信 |
|---|---|
| 歴史ある庭園の四季の景観が地域を代表する景観を形成 | 文化財庭園である歴史を有する公園が、外国の観光ガイドブックにも掲載され、日本の歴史的な景観美を世界に発信 |

西山公園

浜離宮恩賜庭園

図6　景観形成・文化伝承効果例（出典：国土交通省資料「都市公園のストック効果向上に向けた手引き」）

なるほど。
そういうことですか。

ちなみに、熊本地震で被災して現在復旧が進められている熊本城も熊本城公園という都市公園の中にありますし、他にもいわゆる名城と言われるような城の多くが都市公園の中にありますよ。

## 熊本城公園

| 所在地 | 熊本県熊本市 |
|---|---|
| 公園管理者 | 熊本市 |
| 種別 | 総合公園 |
| 供用開始年 | 昭和 24 年（1949 年） |
| 供用面積 | 約 54ha（立ち入り制限区域あり）<br>（平成 30 年度（2018 年度）末） |
| 特徴等 | 特別史跡熊本城跡の区域（約 51ha）を中心とした公園。平成 28 年（2016 年）の熊本地震により天守閣、石垣等が被災し、復旧・復興に向けた事業を継続中。 |

(撮影：国土交通省)

そうなんですね。
知らなかった。

それから、都市公園は**子供が安全に遊べる場**として子育て世代にとっては必須の場所ですよね。

自分の子供を連れて初めて公園へ遊びに行くことを指す「公園デビュー」という言葉もありますよね。

そして、お祭りやイベントでにぎわう**地域の交流の場**にもなるし、公園が**コミュニティの活性化**にも役立ちます（図7）。

### 地域が集まる行催事の場の提供

公園が、祭りの地車が一同に結集する場や市民まつりの会場として、地域の文化芸能の伝承やコミュニティ形成に寄与

### 森づくりを通じた市民交流

延べ約15万人の市民の手によって約24万本の樹木が行われた公園内では市民団体による森づくり活動が市民の交流を促進

### ワークショップを通じた公園愛護会の結成

整備計画の立案時に開催した住民参加型ワークショップから公園愛護会が結成され、コミュニティの活性化に寄与

### イベントによる交流機会の充実

豊かな自然環境を活かした多彩なイベントの開催を、NPO・市民団体による協働のネットワークの構築により実現

図7　コミュニティ形成効果例（出典：国土交通省資料「都市公園のストック効果向上に向けた手引き」）

そういえば子供の頃、町内会の盆踊りで毎年公園に行っていました。確かに公園って、地域の人が集まりやすい場所ですよね。

それから公園の持つ経済的な側面も忘れてはいけないですよ。自然や歴史を活かした特徴ある公園は**観光**資源としてたくさんの観光客を集めたり、大規模イベントの会場として街の**賑わい**づくり、**経済の活性化**に貢献しています（図8）。

| 花修景による地域活性化 | 歴史的風致によるインバウンド増加 |
|---|---|
| 公園の大規模花修景が、市を訪れる年間観光客の半数を超える約180万人が訪れる地域の観光振興拠点となり地域の活性化に寄与 | さくらまつりに毎年200万人以上の観光客が訪れる等、地域の観光振興拠点としてインバウンド誘致、地域の活性化に寄与 |

国営ひたち海浜公園　　　　　　　　　　　　鷹揚公園

| 花による観光スポットの創出 | 都心の魅力向上による集客力増 |
|---|---|
| 園内の「芝桜の丘」が、春の秩父路を彩る観光スポットとなり、年間50万人以上の来園者が訪れ、15億円以上の経済効果を創出 | 公園の再整備後、公園周辺に高層マンションが建設され、人口が大幅に増加。多彩なイベントの開催により、年間370万人が訪れる |

羊山公園　　　　　　　　　　　　　　　　勝山公園

図8　経済活性化効果例（出典：国土交通省資料「都市公園のストック効果向上に向けた手引き」）

都市公園って、地域の人の憩いの場というイメージが強かったのですが、世界の人が訪れるような場にもなるんですね！
そして地域経済を潤すことも……。都市公園って、ある意味何でもありですね！

そうかもしれませんね。
本当に様々な効果を発揮できる施設ですが、もちろん、これらの効果を1つの公園で全て発揮することは難しいです。
個々の公園の規模や特徴等に応じて、その公園のポテンシャルをどの方向に引き出すか、都市レベルで考えるべき公園か、周辺住民レベルで考えるべき公園か、など色々な観点から考えて整備、管理していくことが求められるんですよ。

なるほど！
勉強になりました。

注・出典
1）日本公園緑地協会（2018）「平成29年度版公園緑地マニュアル」pp.5-6
2）昭和8年東京都市計畫報告
3）ストック効果とは、整備された社会資本が機能することによって、整備直後から継続的に中長期にわたり得られる効果のこと。（都市公園のストック効果向上に向けた手引き（国土交通省資料））
4）国土交通省　国土技術政策総合研究所（2017）「防災公園の計画・設計・管理運営ガイドライン（改訂第2版）」では防災公園を以下のように定義している。「防災公園とは、地震に起因して発生する市街地火災等の二次災害時における国民の生命、財産を守り、大都市地域等において都市の防災構造を強化するために整備される、広域防災拠点、地域防災拠点、避難地、避難路、帰宅支援場所としての役割を持つ都市公園及び緩衝緑地をいう。」

# COLUMN 　　都市公園の多様な機能

　個性豊かな都市公園が、様々な場所で様々な機能を発揮しています。

　1つとして同じ公園はないので、発揮している機能も防災や環境といったカテゴリーには収まりきらないほど多様ですが、本書では紙面の関係から紹介している事例はその一部です。

　都市公園が暮らしの中にどう役立っているか、さらに詳しく知りたい方は、国土交通省のウェブサイトに掲載されている以下の資料もご確認ください。


❑市民の暮らし、都市の活力を支える公園緑地の多様な機能

　〜公園緑地のストック効果〜

http://www.mlit.go.jp/common/001180328.pdf


❑ストック効果向上に向けた手引き、事例集

http://www.mlit.go.jp/toshi/park/toshi_parkgreen_tk_000064.html


❑都市公園の多様な機能の例（都市公園のストック効果の「防災」から抜粋）

| 分類 | タイトル | 公園名称 |
|---|---|---|
| 避難地・延焼防止 | 公園が大規模火災による延焼を防止！ | 大国公園 |
| 防災拠点 | スポーツのメッカが県下全域の防災拠点に！ | 三木総合防災公園 |
| 防災拠点 | 公園が地震発生時の支援物資の中継基地に！ | 長根公園 |
| 防災拠点 | 国営公園が国民の安全を守る拠点に！ | 国営越後丘陵公園 |
| 防災拠点 | 県立広域公園が県民の安全を守る拠点に！ | 秋田県立中央公園 |
| 後方支援拠点 | 公園が地震発生時の後方支援拠点に！ | 遠野運動公園 |
| 防災学習 | 防災意識・スキルを向上させて被害軽減！ | 東京臨海広域防災公園 |
| 防災学習 | 防災を学べる公園！ | 東町公園 |
| 水害対策 | 公園が洪水から生命・財産を守る遊水地に！ | 新横浜公園 |
| 水害対策 | 洪水から街を守る防災拠点！ | 深北緑地 |
| 水害対策 | 雨水調整池の整備で大都市の浸水被害を軽減！ | 山王公園 |
| 断水時給水拠点 | 公園の貯水槽が断水時の給水拠点に！ | ひかり交流広場公園 |
| 雪国の安全 | 公園が地域の安全を守るための雪捨て場に！ | 瑞穂東公園 |
| 山火事消火 | 広場を山火事消火や患者の搬送にも活用！ | 赤砂崎公園 |

# 第5話　都市公園という制度はなぜできた？

　都市公園法は昭和31年（1956年）に制定されたわけですが、そもそもなぜそのような法律が、その時代の日本に必要になったのでしょうか。

　都市公園法の目的は法第1条に以下のように記載されています。

---

（目的）

第一条　この法律は、都市公園の設置及び管理に関する基準等を定めて、都市公園の健全な発達を図り、もつて公共の福祉の増進に資することを目的とする。

---

　この条文により、この法律の概要と目指すものが何となく分かりますが、さすがにこの部分を読んだだけでは、なぜ都市公園法の制定が必要となったのかまではよく分かりません。

　法律は時代の要請等に応じて改正を重ねているため、現在の都市公園法の条文は昭和31年（1956年）当時とは大きく異なっていますが、法律が制定された背景を理解しておくことは、現在と未来の都市公園を考える上で非常に重要です。

都市公園のイメージ

都市公園という制度はどうしてできたんですか？　公園というと他にも種類があるような気がするのですが、それらとどう違うのでしょう？

そうですね。まず、いわゆる公園をおおまかに区分すると、「**営造物公園**」と「**地域制公園**」の2つに大別されます（図1）。

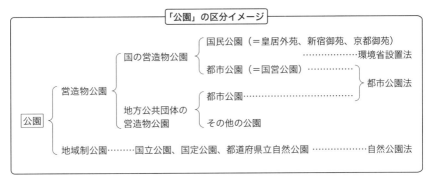

図1　公園の区分イメージ[1]

エイゾウブツコウエン？　チイキセイコウエン？
初めて聞きました。

都市公園のように、国や地方公共団体が、一定区域内の土地の権原[1]を取得し、目的に応じた公園の形態を創り出し、一般に公開する公園のことを「営造物公園」といいます。
それに対して、国や地方公共団体が、土地の権原に関係なく、一定区域内を公園として指定して、土地利用の制限・一定行為の禁止や制限等によって自然景観を保全する公園を「地域制公園」といいます。

地域制公園って、例えばどういった公園ですか？

代表的なのは**国立公園**、**国定公園**などの**自然公園**ですね。
日本では「都市公園法」の他に「**自然公園法**」というのがあって、
その法律に基づく公園を自然公園といいます（写真 1、2）。

【自然公園法　抄】
（目的）
第一条　この法律は、優れた自然の風景地を保護するとともに、その利用
　　の増進を図ることにより、国民の保健、休養及び教化に資するとともに、
　　生物の多様性の確保に寄与することを目的とする。
（定義）
第二条　この法律において、次の各号に掲げる用語の意義は、それぞれ当
　　該各号に定めるところによる。
　一　自然公園　国立公園、国定公園及び都道府県立自然公園をいう。

（以下略）

写真 1　知床国立公園[2)]

写真 2　阿蘇くじゅう国立公園[3)]

う〜ん、簡単に言うと都市公園とどう違うんですか？

違いを強調するために少し簡略化して言うと、都市公園は国や県・市が**設置**した都市計画上の施設で、自然公園は国や県が**指定**した自然の風景地、という言い方ができるかもしれませんね。

【自然公園法 抄】
第二条 この法律において、次の各号に掲げる用語の意義は、それぞれ当該各号に定めるところによる。
一 （略）
二 国立公園 我が国の風景を代表するに足りる傑出した<u>自然の風景地</u>（海域の景観地を含む。次章第六節及び第七十四条を除き、以下同じ。）であって、<u>環境大臣</u>が第五条第一項の規定により指定するものをいう。
三 国定公園 国立公園に準ずる優れた自然の風景地であって、<u>環境大臣</u>が第五条第二項の規定により指定するものをいう。
四 都道府県立自然公園 優れた自然の風景地であって、<u>都道府県が第七十二条</u>の規定により指定するものをいう。

自然公園は「設置」じゃなくて「指定」なんですね。

例えば、地域制公園である国立公園は、必ずしも国が権原を取得しなくても指定できるので約1/4が私有地です（図2）。ほとんど私有地という公園もありますよ。

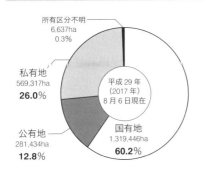

所有区分不明
6,637ha
0.3%

私有地
569,317ha
**26.0%**

平成29年
（2017年）
8月6日現在

公有地
281,434ha
**12.8%**

国有地
1,319,446ha
**60.2%**

国立公園土地所有者別面積割合

区域の9割以上が私有地の伊勢志摩国立公園

図2 日本の国立公園の特徴[4]

営造物公園である都市公園は、土地の権原を取得した上で供用することが原則なので、用地を買収して、国有地・公有地の上に都市公園をつくるのが基本です。
ただ、権原には借地契約も含まれるので、営造物公園にも私有地が全くないわけではないですが。

なるほど。意外と違うんですね。
でも、国営公園とか、国立公園とか……、**国民公園**なんていうのもあるんですね。似たような名前が多くて混乱しそう。

国営公園は国土交通省所管で、国立公園、国定公園（管理は都道府県）、国民公園が環境省所管。
国営公園と国民公園は営造物公園で、国立公園と国定公園は地域制公園。確かにちょっと紛らわしいですね。

ちなみに、地方公共団体の営造物公園で、都市公園以外の「**その他の公園**」ってどんな公園ですか？

**特定地区公園（カントリーパーク）**や条例を根拠とする公園（**条例設置公園**）、**県営・市営団地の中の公園**などです。
基本的には、都市計画区域がない市町村が設置したり、都市計画とは関係なく設置したりする公園が多いですね。

特定地区公園（カントリーパーク）って？

特定地区公園（カントリーパーク）は、都市計画区域外の一定の条件を満たす町村における農村漁村の生活環境の改善を目的とする公園です。簡単に言うと、都市計画区域の指定がない町村が、都市公園法の地区公園に準じて設置するような公園です。

条例設置公園って？

都市公園法に基づかずに、各地方公共団体が独自に「○○公園条例」などの条例をつくってそこで定めたルールに基づいて、整備、管理を行っている公園のことですが、色々なパターンがあります。
例えば、太陽の塔で有名な大阪の万博記念公園も条例設置公園ですが、利用者からすれば、都市公園と違いは感じないと思います。

【大阪府日本万国博覧会記念公園条例　抄】
（目的）
第一条　この条例は、人類の進歩と調和を主題として開催された日本万国博覧会の跡地（独立行政法人日本万国博覧会記念機構法を廃止する法律（平成二十五年法律第十九号）附則第二条第四項の規定により府が承継する土地及び同法附則別表に掲げる土地をいう。）を、その理念を継承して日本万国博覧会記念公園（以下「日本万博記念公園」という。）として一体として管理し、これを緑に包まれた文化公園として運営するとともに、都市の魅力の創出を図ることを目的とする。

### 日本万国博覧会記念公園

| 所在地 | 大阪府吹田市 |
|---|---|
| 公園管理者 | 大阪府 |
| 種別 | ―　（条例設置公園） |
| 供用面積 | 約 260ha |
| 特徴等 | 昭和 45 年（1970 年）に開催された大阪万博の会場跡地を公園として公開、運営している。 |

お話を伺っていると、地域制公園はともかく、営造物公園ってどれも都市公園とあまり変わらないような……。

そうですね。それでは、なぜ営造物公園の中に都市公園というカテゴリーをつくったのか、そのヒントが、都市公園法をつくるときの国会での法案の提案理由説明にあります。

□都市公園法の法案の提案理由説明（抜粋）[5]
　従来、営造物である公園に関する法制としては、明治六年太政官布告第十六号のほかは、わずかに都市計画法及び土地区画整理法にその建設に関する規定が散在するにすぎず、これが管理に関する法制は全く存在しなかったのであります。その結果、公園の管理の適切を欠くものが多く、あるいは荒廃し、あるいは壊滅した公園も少なくない状況であります。
　このような事態に対処するため、公園の規制に関する法律の制定が長年にわたり各方面から要望されておりましたので、ここに都市公園の設置及び管理に関する基準等を定めて都市公園の健全な発達をはかり、もって公共の福祉の増進に資するため、本法案を提案することといたしました次第であります。

「荒廃」とか「壊滅」とか、当時の公園の危機的状況が伺えますね。

都市公園法がなかった時代は、公園の中に設置できる施設や利用のルールはバラバラだったので、公園を潰して他の目的に使ったり、公園の中に住宅を建てたりして、公園がどんどん荒らされていってしまったんです[6]。
高度経済成長で都市の開発が勢いを増す中、一見空き地に見える公園は狙われやすかったのでしょう。守ってくれる法的後ろ盾もなかったわけですし。

それで「公園の規制に関する法律」として都市公園法が必要だったんですね。

その通りです。公園を勝手に廃止してはいけません、公園に置いていいのはこういう施設です、こういうことは許可なくやっちゃダメです、という一律の規制に基づき一定水準の質を満たす営造物公園を「都市公園」として守ろう、という法律をつくったのです。

営造物公園を守る日本初の全国共通ルールが都市公園法なんですね。

そういう言い方もできますね。
そのおかげで都市の中にちゃんとオープンスペースが守られ、つくられ、みんなが快適に遊べる、暮らせる都市ができてきました。
ただ、都市公園も時代とともに一律基準ではなくなってきていますから、他の営造物公園との違いが薄れてきている面もあります。

そういえば、都市公園の配置とか規模の基準など昔は一律基準だったものが、今は参酌基準として地方公共団体の条例に委ねられているんですよね。

はい。人口が増加し、経済も急激に成長して公園が危機的状況にさらされていた時代と、人口が減少に向かっていて、公園もある程度整備されてきた時代は全然違います。法律だって変わらないといけないのでしょう。

時代にあわせて法律も変わっていくんですね。

変わるべき所は変わり、守るべき所は守る、ということなのでしょう。法律があるとは言え、土地が限られる都市の中で都市公園が狙われやすい施設だということは今も昔も変わりません[7]。
都市公園法ができた趣旨を踏まえつつ、今の時代の要請にどう対応していくか、基本と応用、守りと攻めの最適なバランスは、時代によっても、場所によっても、個々の公園によっても異なると思います。そこが公園管理の難しいところですね。

なるほど。
都市公園の成り立ち、勉強になりました！

注・出典
1) ある法律行為または事実行為をすることを正当とする法律上の原因をいい、「権限」と区別するため「ケンバラ」とも呼ばれる。例えば都市公園の場合、土地を都市公園法上の都市公園として使用することを正当とする法律上の根拠のことで、土地の所有権や賃借権などのこと。
2) 環境省ウェブサイト〈http://www.env.go.jp/park/shiretoko/point/index.html〉
3) 環境省ウェブサイト〈http://www.env.go.jp/park/aso/point/index.html〉
4) 環境省ウェブサイト〈http://www.env.go.jp/park/about/index.html〉
5) 衆議院会議録情報　第24回国会　建設委員会　第16号（昭和31年（1956年）3月15日）
6) 日本公園緑地協会（2015）「都市公園法解説（改訂新版）」
7) 舟引敏明（2018）『都市公園制度論考』デザインエッグ社、p.57

# COLUMN　都市公園の歴史

都市公園に関係する主な法令等の制定・改正履歴は以下の通りです。

❏ 都市公園関係法令等の主な出来事年表

| 年　度 | 概　要 |
|---|---|
| 明治 6 年度<br>（1873 年度） | 太政官布達第 16 号（旧来の名所旧跡等の行楽地を公園として開園） |
| 大正 8 年度<br>（1919 年度） | 旧都市計画法制定（公園を都市計画施設として位置づけ） |
| 昭和 31 年度<br>（1956 年度） | 都市公園法制定（公園の整備水準、配置標準、管理基準等を定める） |
| 昭和 47 年度<br>（1972 年度） | 都市公園等緊急整備措置法制定（都市公園の計画的整備の始まり） |
| 昭和 48 年度<br>（1973 年度） | 都市緑地保全法制定 |
| 昭和 51 年度<br>（1976 年度） | 都市公園法改正（国営公園制度の創設） |
| 平成 5 年度<br>（1993 年度） | 都市公園法施行令、施行規則改正（公園施設の必置基準緩和等） |
| 平成 16 年度<br>（2004 年度） | 都市公園法改正（立体公園制度の創設　等）<br>都市緑地保全法改正（都市緑地法に名称改正　等） |
| 平成 23 年度<br>（2011 年度） | 地域の自主性及び自立性を高めるための改革の推進を図るための関係法律の整備に関する法律（第 2 次一括法）制定（都市公園の配置基準の参酌基準化等の都市公園法等の改正） |
| 平成 29 年度<br>（2017 年度） | 都市緑地法、都市公園法等の改正（Park-PFI の創設　等） |

なお、都市公園法制定の背景やその思想については『日本公園緑地発達史 上・下巻』が詳しいです。

❏ 日本公園緑地発達史 上巻、下巻

著　者：佐藤 昌

出版社：都市計画研究所

概　要：都市公園法の制定に大きく関わった当時の建設省計画局施設課長の佐藤昌氏が執筆。日本における公園緑地の制度等の発達を体系的に論じた書。

# 第2章

# 民間事業者等による
# 整備・管理運営に関係する
# 法令の規定

　都市公園は、国や地方公共団体などの公共が設置するパブリックスペースですが、その公園の中にある施設は、公共だけでなく、民間事業者など公園管理者以外の者が設置・運営している施設も多いことが特徴です。

　また、指定管理者制度の普及もあり、公園全体の管理運営を民間事業者等が担うことも増えてきました。

　さらに、PFI や Park-PFI といった公民連携の手法も拡充されてきたことで、その動きはより一層進んできていますが、これらの制度を適切に活用して都市公園を使いこなすためには、公民ともにまずその基本となる法令等の規定を理解しておくことが必要です。

　そこで、本章では、公園管理者以外の者、特に民間事業者の方が、都市公園の整備、管理運営を行うに当たって特に関係する法令の規定、手続きや、そのような規定ができた背景などについて解説します。

# 第6話　都市公園に設置できる施設は？

　都市公園に設置できる施設は「公園施設」と「占用物件」の2つだけです。

　公園施設とは、都市公園法第2条第2項の各号に掲げられている施設のことで、基本的に都市公園はこの公園施設によって構成されています。

---

第二条

（略）

2　この法律において「公園施設」とは、都市公園の効用を全うするため当該都市公園に設けられる次に掲げる施設をいう。

　一　園路及び広場

　二　植栽、花壇、噴水その他の修景施設で政令で定めるもの

　（以下略）

---

　占用物件とは、都市公園法第7条に掲げられている施設のことで、基本的に公園利用者へのサービスとは直接関係ない工作物・物件や、イベント時に一時的に設置するテント・ステージ等の仮設工作物などが該当します。

---

第七条　公園管理者は、前条第一項又は第三項の許可の申請に係る工作物その他の物件又は施設が次の各号に掲げるものに該当し、都市公園の占用が公衆のその利用に著しい支障を及ぼさず、かつ、必要やむを得ないと認められるものであって、政令で定める技術的基準に適合する場合に限り、前条第一項又は第三項の許可を与えることができる。

　一　電柱、電線、変圧塔その他これらに類するもの

　二　水道管、下水道管、ガス管その他これらに類するもの

　（以下略）

---

　都市公園がどういった施設で構成されているのか、どのような施設であれば設置できるのかを把握するために重要な規定です。

　なお、施設によっては、設置や運営に当たって建築基準法に基づく手続きなど他の法令に基づく手続きもあわせて必要になりますが、本書では都市公園法上の手続きのみを解説します。

都市公園には、設置できる施設、できない施設があるって聞いたのですが？

都市公園に置くことができる施設は2つ、**公園施設**と**占用物件**だけです。

公園施設って何ですか？

公園施設については、都市公園法第2条第2項で規定されています。

---

【都市公園法　抄】
（定義）
第二条
（略）
2　この法律において「公園施設」とは、都市公園の効用を全うするため当該都市公園に設けられる次に掲げる施設をいう。
　一　園路及び広場
　二　植栽、花壇、噴水その他の修景施設で政令で定めるもの
　三　休憩所、ベンチその他の休養施設で政令で定めるもの
　四　ぶらんこ、滑り台、砂場その他の遊戯施設で政令で定めるもの
　五　野球場、陸上競技場、水泳プールその他の運動施設で政令で定めるもの
　六　植物園、動物園、野外劇場その他の教養施設で政令で定めるもの
　七　飲食店、売店、駐車場、便所その他の便益施設で政令で定めるもの
　八　門、柵、管理事務所その他の管理施設で政令で定めるもの
　九　前各号に掲げるもののほか、都市公園の効用を全うする施設で政令で定めるもの

---

法律に書いてあるんですね。でも、政令で定めるもの、なんていうのもあって全体像が分かりにくいな。

そうですね。公園施設は大きく、**園路及び広場、修景施設、休養施設、遊戯施設、運動施設、教養施設、便益施設、管理施設、その他の施設**に分けられます。
政令、省令で規定している施設もあわせると、これだけの施設を都市公園に設置できますよ（表1）。

| 分類 | 園路広場 | 修景施設 | 休養施設 | 遊戯施設 | 運動施設 | 教養施設 | 便益施設 | 管理施設 | その他の施設 |
|---|---|---|---|---|---|---|---|---|---|
| 公園施設の種類 | 園路広場 | 植栽<br>芝生<br>花壇<br>いけがき<br>日陰だな<br>噴水<br>水流<br>池<br>滝<br>つき山<br>彫像<br>灯籠<br>石組<br>飛石<br><br>その他これらに類するもの | 休憩所<br>ベンチ<br>野外卓<br>ピクニック場<br>キャンプ場<br><br>その他これらに類するもの | ぶらんこ<br>滑り台<br>シーソー<br>ジャングルジム<br>ラダー<br>砂場<br>徒渉池<br>舟遊場<br>魚つり場<br>メリーゴーランド<br>遊戯用電車<br>野外ダンス場<br><br>その他これらに類するもの | 野球場<br>陸上競技場<br>サッカー場<br>ラグビー場<br>テニスコート<br>バスケットボール場<br>バレーボール場<br>ゴルフ場<br>ゲートボール場<br>水泳プール<br>温水利用型健康運動施設<br>リハビリテーション用運動施設<br>ボート場<br>スケート場<br>スキー場<br>相撲場<br>弓場<br>乗馬場<br>鉄棒<br>つり輪<br><br>その他これらに類するもの<br><br>これらに附属する工作物<br>（観覧席、シャワー等） | 植物園<br>温室<br>分区園<br>動物園<br>動物舎<br>水族館<br>自然生態園<br>野鳥観察所<br>動植物の保護繁殖施設<br>野外劇場<br>野外音楽堂<br>図書館<br>陳列館<br>天体・気象観測施設<br>体験学習施設<br>記念碑<br><br>その他これらに類するもの<br><br>遺跡等<br>（古墳、城跡等） | 売店<br>飲食店<br>宿泊施設<br>駐車場<br>園内移動用施設<br>便所<br>荷物預り所<br>時計台<br>水飲場<br>手洗場<br><br>その他これらに類するもの | 門<br>さく<br>管理事務所<br>詰所<br>倉庫<br>車庫<br>材料置場<br>苗畑<br>掲示板<br>標識<br>照明施設<br>ごみ処理場<br>（廃棄物再生利用施設を含む）<br>くず箱<br>水道<br>井戸<br>暗渠<br>水門<br>雨水貯留施設<br>水質浄化施設<br>護岸<br>擁壁<br>発電施設（環境への負荷の低減に資するもの）<br><br>その他これらに類するもの | 展望台<br>集会所<br>備蓄倉庫<br>[耐震性貯水槽]<br>[放送施設]<br>[情報通信施設]<br>[ヘリポート]<br>[係留施設]<br>[発電施設]<br>[延焼防止のための散水施設]<br><br>※[ ]内は省令で定めている施設 |

休養施設、遊戯施設、運動施設、教養施設は、上記以外の施設でも地方公共団体の条例で追加することが可能。

表1　公園施設一覧

逆に言うと、これ以外の施設は公園施設として都市公園に設置できないということですね。
例えば住宅とか公園に関係ない施設を置けないようにするために、置ける施設名を限定列挙しているんですか？

その通りです。
ただ、注意いただきたいのは、これら列挙されている施設名に該当する施設なら全て都市公園に設置できる、というわけではないということです。

えっ？
どういうことですか？

法第2条第2項の条文を分解してみましょう。
　「この法律において「公園施設」とは、
　都市公園の効用を全うするため　……①
　当該都市公園に設けられる　………②
　次に掲げる施設　…………………③
　をいう。」
つまり、「次（第1号〜第9号）に掲げる施設」（③）に施設名として
該当するだけじゃダメで、①、②の要件も満たさないとダメなのです。

つまり、「売店」に該当する施設だとしても、それが「その都市公
園のために（①）、その都市公園に置かれる（②）売店（③）」じゃ
なきゃダメっていうことですね。
都市公園に関係ない施設が入ってこないようにするために都市公園
法ができたのだから、当然と言えば当然ですね。

そうですね。ただ、どのような施設であれば「都市公園の効用」（①）
を全うする施設なのか、というのは非常に悩ましいテーマです。
例えば、コンビニエンスストアは施設名としては「売店」に該当す
るじしょうし、お弁当やお菓子など公園利用者にとって便利なもの
を売っていますが、通常はそれ以外にもシャンプーや蛍光灯などお
そらく公園利用とは関係ない日用品も売っていますよね。

普通はそうですよ。
ということは、公園利用者に関係ない商品も売っているからコンビ
ニは公園施設として都市公園に設置できないんですか？

いえ。平成19年（2007年）に横浜の山下公園に出店したローソン
を皮切りに、今ではファミリーマートも、セブンイレブンも都市公
園の中に公園施設として出店していますよ。

# 山下公園レストハウス（HAPPY LAWSON）

| 公園名 | 山下公園 |
|---|---|
| 所在地 | 神奈川県横浜市 |
| 公園管理者 | 横浜市 |
| 種別 | 風致公園 |
| 供用開始年 | 昭和 5 年（1930 年） |
| 供用面積 | 約 7ha（平成 30 年度（2018 年度）末） |
| 施設の運営者 | 株式会社ローソン |
| 施設面積（建築面積） | 約 445m² |
| 特徴等 | 利用者サービス向上及び公園の活性化を目的として、市が整備したレストハウスへ管理許可に基づき出店する者を公募。<br>選定された株式会社ローソンが、レストハウス内で売店、カフェを整備するとともに、一般公園利用者向け施設として屋内休憩スペース（遊具等）を整備し、平成 19 年（2007 年）7 月より管理運営を実施。 |

えっ！
そうだったんですか!?

山下公園のローソンは、販売品目を公園向けにしたり、子育て応援のためにミルクのお湯を無料で提供したり、色々と山下公園にカスタマイズしたサービスを提供しているようです[1]。
このように、通常の営業スタイルをそのまま持ち込むのではなく、コンセプトショップなど、都市公園に適した、通常とは異なるスタイルで営業する店舗も増えてきていますよ。

なるほど。出店する側も、都市公園の効用を全うする施設なんだ、という工夫をすることで公園施設として営業しているんですね。

その通りです。
あと、「②当該都市公園に設けられる施設」である必要があるので、例えば近くのA公園で駐車場が不足しているからと言って、B公園にA公園のための駐車場をつくるのはNGですよ（図1）。

A公園の利用者のための駐車場

A公園

B公園

図1　当該都市公園に設けられる施設のイメージ

公園施設については何となく分かってきました。
それじゃ、公園に置くことができるもう1つの施設である占用物件って何ですか？

簡単に言いますと、都市公園の効用とは関係ないけど、他に土地がないなら、公園利用を阻害しない最小限の範囲で都市公園に置かせてあげましょう、もしくは、公園内のイベントなどのために必要だから一時的に置かせてあげましょう、という性質の工作物・物件等のことです。

なるほど。
例えばどのようなものですか？

電柱や水道管といったものや、運動会に使うテントなどの仮設の工作物が該当します。
都市公園を占用できる工作物・物件等は具体的に法第7条に列挙されていて、これらをまとめて占用物件と呼んでいます。

【都市公園法　抄】
（都市公園の占用の許可）
第六条　都市公園に公園施設以外の工作物その他の物件又は施設を設けて都市公園を占用しようとするときは、公園管理者の許可を受けなければならない。
　　（略）
第七条　公園管理者は、前条第一項又は第三項の許可の申請に係る工作物その他の物件又は施設が次の各号に掲げるものに該当し、都市公園の占用が公衆のその利用に著しい支障を及ぼさず、かつ、必要やむを得ないと認められるものであって、政令で定める技術的基準に適合する場合に限り、前条第一項又は第三項の許可を与えることができる。
　一　電柱、電線、変圧塔その他これらに類するもの
　二　水道管、下水道管、ガス管その他これらに類するもの
　三　通路、鉄道、軌道、公共駐車場その他これらに類する施設で地下に設けられるもの
　四　郵便差出箱、信書便差出箱又は公衆電話所
　五　非常災害に際し災害にかかつた者を収容するため設けられる仮設工作物
　六　競技会、集会、展示会、博覧会その他これらに類する催しのため設けられる仮設工作物
　七　前各号に掲げるもののほか、政令で定める工作物その他の物件又は施設
2　公園管理者は、前条第一項又は第三項の許可の申請に係る施設が保育所その他の社会福祉施設で政令で定めるもの（通所のみにより利用されるものに限る。）に該当し、都市公園の占用が公衆のその利用に著しい支障を及ぼさず、かつ、合理的な土地利用の促進を図るため特に必要であると認められるものであって、政令で定める技術的基準に適合する場合については、前項の規定にかかわらず、同条第一項又は第三項の許可を与えることができる。

占用物件っていうのは「公園施設以外」の工作物などのことですか。電柱とか郵便ポストとかは街の中のどこかに置かなければいけないし、こういった公共性の高いものは、公園の効用とは関係ないけど置けることになっているんですね。

そうですね。一般的に、道路など他の公共施設も同じようにこういった物件の占用を認めています。都市公園に関係ないものであっても一時的に置ける規定をつくっておかないと「だったらそこは都市公園区域を廃止しよう」みたいになってむしろ困りますからね。

【道路法　抄】

（道路の占用の許可）

第三十二条　道路に次の各号のいずれかに掲げる工作物、物件又は施設を
　　設け、継続して道路を使用しようとする場合においては、道路管理者の
　　許可を受けなければならない。
　　一　電柱、電線、変圧塔、郵便差出箱、公衆電話所、広告塔その他これ
　　　　らに類する工作物
　　二　水管、下水道管、ガス管その他これらに類する物件
　　三　鉄道、軌道その他これらに類する施設
（以下略）

そして、人がつくる人工物以外に、公園は元々存在していた森や林
などの自然も含んで供用されることが多いので、都市公園は、
　　①都市公園のために必要な公園施設
　　②都市公園に必要ではないけど置かせてあげる占用物件
　　③都市公園を設置する前からあった森や川といった自然物
で構成されていると考えることができます（図2）。
そして、概念上これらのいずれにも該当しないものは都市公園内に
は存在しないということになります。

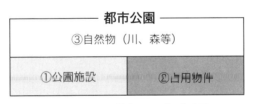

図2　都市公園を構成する要素の概念図

分かりました。
ありがとうございます。

注・出典
1）HAPPY LAWSON：ローソンが「子育てを応援できること」をまじめに考え、子育て家族を応援していく店舗
　　〈https://www.lawson.co.jp/lab/mama/art/1305722_4668.html〉

# COLUMN　都市公園で民間事業者が設置・管理している飲食店の事例

　都市公園の中に民間事業者など、公園管理者以外の者が施設を設置・管理できることは本文中でお話ししたとおりです。

　パブリックスペースとして公共性・公益性を確保しつつ、公園利用者へのサービスを充実させる観点から、都市公園には様々な施設が設置され、運営されています。本文中にはコンビニエンスストアの例を紹介しましたが、レストランやカフェなどの飲食店もありますので、その一例をご紹介します。

❏レストラン

### 日比谷松本楼 [1]

| 公園名 | 日比谷公園 |
|---|---|
| 所在地 | 東京都千代田区 |
| 公園管理者 | 東京都 |
| 種別 | 総合公園 |
| 供用開始年 | 明治 36 年（1903 年） |
| 供用面積 | 約 16ha<br>（平成 30 年度（2018 年度）末） |
| 施設の設置・運営者 | 有限会社日比谷松本楼 |
| 特徴等 | 都市公園法が制定される以前、明治 36 年（1903 年）の日比谷公園開園から続いている洋風レストラン。 |

### レストラン ハマナスの丘 [2]
PIZZERIA Lucci（ピッツェリア　ルッチ）

| 公園名 | いわみざわ公園 |
|---|---|
| 所在地 | 北海道岩見沢市 |
| 公園管理者 | 岩見沢市 |
| 種別 | 総合公園 |
| 供用開始年 | 昭和 56 年（1981 年） |
| 供用面積 | 約 8ha<br>（平成 30 年度（2018 年度）末） |
| 施設の設置・運営者 | 株式会社ゼベント |
| 特徴等 | 年間約 70 万人が訪れるいわみざわ公園のバラ園を臨みながら食事ができるレストラン。 |

❏カフェ

### 隅田公園オープンカフェ[3]
### (タリーズコーヒー　隅田公園店)

### スターバックス　福岡大濠公園店

| 公園名 | 隅田公園 |
|---|---|
| 所在地 | 東京都台東区・墨田区<br>(隅田公園オープンカフェは台東区に位置) |
| 公園管理者 | 右岸：台東区、左岸：墨田区 |
| 種別 | 風致公園 |
| 供用開始年 | 昭和6年 (1931年) |
| 供用面積 | 約19ha<br>(平成30年度 (2018年度) 末) |
| 施設の設置・運営者 | タリーズコーヒージャパン株式会社 |
| 特徴等 | 平成23年 (2011年) の「河川敷地占用許可準則」改正を受け、隅田川の水辺とその周辺地域に恒常的な賑わいを創出し、地域を活性化するため、オープンカフェの事業を公募。選定されたタリーズコーヒージャパン㈱が平成25年 (2013年) より「エコと防災、観光の拠点に」をコンセプトに事業開始。 |

| 公園名 | 大濠公園 |
|---|---|
| 所在地 | 福岡県福岡市 |
| 公園管理者 | 福岡県 |
| 種別 | 総合公園 |
| 供用開始年 | 昭和4年 (1929年) |
| 供用面積 | 約40ha<br>(平成30年度 (2018年度) 末) |
| 施設の設置・運営者 | スターバックス コーヒー ジャパン株式会社 |
| 特徴等 | 平成22年 (2010年) 4月にオープンした、環境への負荷低減をコンセプトの中心に据えた都市公園内2事例目のスターバックス。 |

注・出典
1) 松本楼ウェブサイト 〈http://matsumotoro.co.jp/index.html〉
2) いわみざわ公園ウェブサイト 〈http://www.iwamizawa-park.com/eat/〉
3) PARKFUL「カフェと公園の可能性〈タリーズコーヒー隅田公園〉」〈https://parkful.net/2017/02/photocontest201701_interview_tullyscoffee/〉〈https://www.tennoji-park.jp/facility/sales.html〉

# 第7話　都市公園に施設を設置するには
## どのような許可がいる？

　前話で、都市公園に設置できる施設は公園施設と占用物件の2つというお話をしました。

　それぞれの施設の設置主体について見てみますと、公園施設は、公園管理者自らが設置する場合と、公園管理者以外の者が設置する場合の2つのパターンがあります。

　占用物件は、基本的に都市公園の効用とは無関係に設置される施設なので、公園管理者自らが設置することはなく、公園管理者以外の者が設置することのみを想定しています。

　公園管理者以外の者が公園施設又は占用物件を設置する場合は、その施設等が法令で定める技術的基準に照らして問題がないか等の審査のため、所定の事項を記載した申請書を公園管理者に提出し、許可を受ける必要があります。

---

❑設置許可の規定

第五条　第二条の三の規定により都市公園を管理する者（以下「公園管理者」という。）以外の者は、都市公園に公園施設を設け、又は公園施設を管理しようとするときは、条例（略）で定める事項を記載した<u>申請書を公園管理者に提出してその許可を受けなければならない</u>。許可を受けた事項を変更しようとするときも、同様とする。

❑占用許可の規定

第六条　都市公園に公園施設以外の工作物その他の物件又は施設を設けて都市公園を占用しようとするときは、<u>公園管理者の許可</u>を受けなければならない。

2　前項の許可を受けようとする者は、占用の目的、占用の期間、占用の場所、工作物その他の物件又は施設の構造その他条例（略）で定める事項を記載した<u>申請書を公園管理者に提出</u>しなければならない。

---

　占用許可は道路、河川など他の公物でもなじみの深い許可手続きですが、設置許可は都市公園独自の許可手続きですので、今回はその2つの許可の違いと、なぜ都市公園法には独自の手続きがあるのかについて解説します。

例えばレストランを都市公園に設置したいという場合、何か許可がいるのですか？

はい。レストランは「**飲食店**」なので公園施設に該当します。
公園管理者が、民間事業者の方など公園管理者以外の者に公園施設を置いていいですよ、と許可する手続きである都市公園法第5条の**設置許可**が必要になります。

【都市公園法　抄】
第二条　（略）
2　この法律において「公園施設」とは、都市公園の効用を全うするため当該都市公園に設けられる次に掲げる施設をいう。
（略）
　七　飲食店、売店、駐車場、便所その他の便益施設で政令で定めるもの
（略）
（公園管理者以外の者の公園施設の設置等）
第五条　第二条の三の規定により都市公園を管理する者（以下「公園管理者」という。）以外の者は、都市公園に公園施設を設け、又は公園施設を管理しようとするときは、条例（国の設置に係る都市公園にあつては、国土交通省令）で定める事項を記載した申請書を公園管理者に提出してその許可を受けなければならない。許可を受けた事項を変更しようとするときも、同様とする。
2　公園管理者は、公園管理者以外の者が設ける公園施設が次の各号のいずれかに該当する場合に限り、前項の許可をすることができる。
　一　当該公園管理者が自ら設け、又は管理することが不適当又は困難であると認められるもの
　二　当該公園管理者以外の者が設け、又は管理することが当該都市公園の機能の増進に資すると認められるもの

なるほど。
でも、以前道路へのオープンカフェの設置を認めてもらったことがあって、その時は確か**占用許可**っていう手続きだったような……。

占用許可は、占用物件を置くことを許可する手続きです。
道路法も、都市公園法も、占用許可の規定は同じようにあります。
ただ、道路は道路管理者がつくるもので、道路管理者以外が道路をつくることは想定していないからでしょうけど、道路法には、都市公園法第5条の設置許可に該当するような規定はないんですよ。

【道路法　抄】
第三十三条　道路管理者は、道路の占用が前条第一項各号のいずれかに該当するものであつて道路の敷地外に余地がないためにやむを得ないものであり、かつ、同条第二項第二号から第七号までに掲げる事項について政令で定める基準に適合する場合に限り、同条第一項又は第三項の許可を与えることができる。

【都市公園法　抄】
第七条　公園管理者は、前条第一項又は第三項の許可の申請に係る工作物その他の物件又は施設が次の各号に掲げるものに該当し、都市公園の占用が公衆のその利用に著しい支障を及ぼさず、かつ、必要やむを得ないと認められるものであつて、政令で定める技術的基準に適合する場合に限り、前条第一項又は第三項の許可を与えることができる。

なんで都市公園法は、公園管理者以外の者が公園施設をつくったり管理したりすることを想定した手続きが入っているんですか？

例えば、道路は「一般交通の用に供する道」（道路法第2条第1項）なので、交通の妨げとなる売店などは、基本的に道路上にあることが望ましいものとは扱われず、占用物件という位置づけしかあり得ません。
でも、公園は遊んだり、憩いの場になったりする空間なので、飲食物販施設もあった方が利用者にとって便利ですし、公園のためになる施設ですよね。

確かに。特に大きい公園だったらお腹空いた、と思ってから外までお弁当を買いに行くのは大変ですね。

飲食店や売店は、公園利用者のためになる施設なので公園施設に列挙されており、占用物件には列挙されていません。つまり、同じ飲食店という施設でも、道路法上は占用物件、都市公園法上は公園施設（占用物件ではない）という扱いになります。
そして、公園施設は公園管理者自ら置いてもいいですし、ノウハウに長けた民間事業者が置くことも歓迎なわけですが、そのあたりは、日本における公園の成り立ちにも関係しています。

公園の成り立ち？

日本の公園制度は、明治6年（1873年）の**太政官布達**第16号に端を発するとされています[1]。

ダジョウカンフタツ？

明治時代初期の最高官庁である太政官が、各府県に対して出した通達のことです。
「名所旧跡等の行楽地、盛り場等で国や府県が所有する土地を『**万人偕楽ノ地**』として『**公園**』と定めるから、適地を選んで申し出よ」といった趣旨のことを通達しました。このときから公園という制度が始まったとされています。

なるほど！　でも、今の都市公園のイメージとはちょっと違いますね。行楽地とか、盛り場とか、すごく賑やかなイメージですね。

そうですね。行楽地なので茶店とか料亭とかが当たり前にあったでしょうし、そういったお店から場所代としてもらう収入が各府県の公園管理の貴重な財源となっていたようです[2]。
そういった経緯から公園は出発しているので、飲食物販施設があるのは当たり前だし、民間事業者がそれを設置して運営することも当たり前。公共施設としては少し特殊な生い立ちがそのまま都市公園法にも反映され、設置許可制度へとつながっていると考えられます。

そういうことだったんですね。
ちなみに、公園管理者以外が都市公園に置いている公園施設ってどのくらいあるんですか？

都市公園法第5条の許可は、公園管理者以外の者に施設の設置を許可する「**設置許可**」と公園管理者以外の者に施設の管理を許可する「**管理許可**」があります。
2つあわせて「**5条許可**」や「**設置管理許可**」と呼ぶのが一般的ですが、全国の都市公園で約7.2万件の施設が設置管理許可を受けているようです（図1）。

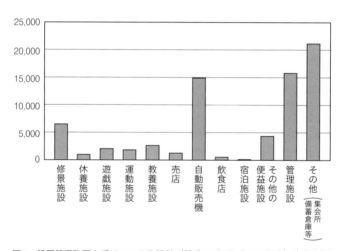

図1　設置管理許可を受けている施設数（平成30年度（2018年度）末現在）[3]

いっぱいあるんですね。
すごく多いのが……自動販売機！　そうか、自動販売機も公園施設なんですね。

施設というのは少し違和感があるかもしれませんが、売店の一形態ですね。

それから、公園施設であれば何でも許可できるわけではありません。「当該公園管理者が自ら設け、又は管理することが**不適当又は困難**であると認められるもの」（法第5条第2項第1号）か、「当該公園管理者以外の者が設け、又は管理することが当該都市公園の**機能の増進に資する**と認められるもの」（同条同項第2号）のいずれかに該当する場合に許可することができます。

法制定当初は第1号だけでしたが、平成16年（2004年）の法改正で、公園にとってプラスになるという観点も許可の条件に追加して、官民連携による整備・管理をより進めよう、という趣旨で、第2号が追加されました <sup>4)</sup>。

【都市公園法　抄】
（公園管理者以外の者の公園施設の設置等）
第五条
　（略）
2　公園管理者は、公園管理者以外の者が設ける公園施設が次の各号のいずれかに該当する場合に限り、前項の許可をすることができる。
　一　当該公園管理者が自ら設け、又は管理することが不適当又は困難であると認められるもの
　二　当該公園管理者以外の者が設け、又は管理することが当該都市公園の機能の増進に資すると認められるもの

公園管理者以外の者って、私のような民間事業者以外は例えばどんな人ですか？

町内会や公園愛護会など公園によって色々です。

また、同じ行政内部でも公園管理部局以外の別の部局、例えば教育委員会などが許可の相手になったり、県にとって市、市にとって県が許可相手先になったり、公共へ設置管理許可を与えることも多いみたいですね。

第1号の許可相手先が分かる全国的なデータはありませんが、第2号の許可相手先については国が調査しているデータで大体の傾向が分かります（図2）。

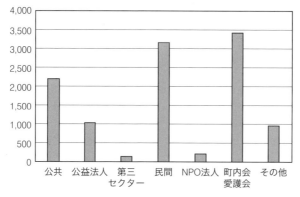

図2　法第5条第2項第2号の設置管理許可を受けている者（平成30年度（2018年度）末現在）[3]

色々な主体が都市公園に公園施設を設置したり、管理したりしているんですね。
それじゃ、占用物件はどのくらいあるんですか？

占用物件は全国の都市公園に約38万件あるようです（図3）。
都市公園の数は全国で約11万箇所なので、それを大きく上回るすごく多い数の占用物件があることになりますね。電柱や電線などが圧倒的に多いようですが。

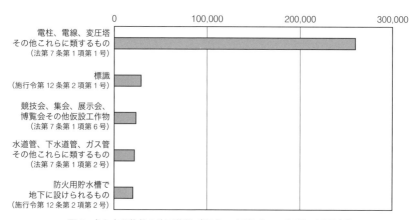

図3　主な占用物件の許可件数（平成30年度（2018年度）末現在）[3]

占用物件がそんなにいっぱいあって大丈夫なんですか？
占用物件って本来公園にあるのが望ましくない物件だったような。

そうですね。公園と関係ない工作物や施設がたくさん設けられ、公園が危機に瀕したことが都市公園法制定のきっかけとなったわけですから。
関係ない施設で公園のオープンスペース性が損なわれないよう、占用物件は基本的に極めて公共性が高いものに限られていますし、公園の地下に置くなら許可する、というものが多いです。
電線も「やむを得ない場合を除き、地下に設けること」とされていますよ。

【都市公園法施行令　抄】
（占用に関する制限）
第十六条　都市公園の占用については、次に掲げるところによらなければ
　ならない。
　一　電線は、やむを得ない場合を除き、地下に設けること。

なるほど。やっぱり占用物件には厳しいんですね。それに、公園の地下に施設を置くときも許可がいるんですね。
設置管理許可に占用許可、色々と勉強になりました！

**注・出典**
1) 日本公園緑地協会（2018）『平成 29 年度版公園緑地マニュアル』p.15
2) 日本公園緑地協会（2018）『平成 29 年度版公園緑地マニュアル』p.16
3) 平成 30 年度末都市公園等整備現況調査（国土交通省調べ）
4) 法第 5 条第 2 項第 1 号、第 2 号の違いの詳細については国土交通省（2018）「都市公園法運用指針（第 4 版）」参照

# COLUMN　都市公園という公物の特殊性

　私見ですが、同じ公物でも、道路や河川は、その管理区域内に設置する施設を基本的に「施設管理者がつくって管理すべきもの」と「それ以外のもの」という2つの概念で整理していると考えられます。

　ですが、都市公園はそれだけではなく、「施設管理者がつくる、管理するのが不適当・困難なもの、施設管理者以外に任せた方が良いもの」があることを前提にしている点が特徴です。

　そのために、公園管理者以外の者（民間事業者等）が公園施設をつくって管理することを許可する設置管理許可手続きが都市公園法の制定当初から盛り込まれているのであり、公民連携での施設の整備、管理という面では先駆的な存在と言ってもいいのかもしれません。

　占用許可は他の公物でも当たり前にある手続きなので、「施設管理者以外への施設の設置許可手続きは全て占用許可」と誤解されている方も多いようです。

　占用許可も設置許可も、手続き的には同じようなものかもしれませんが、趣旨は全く異なりますのでご注意ください。

□他の公物との違いイメージ

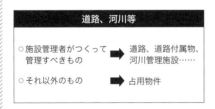
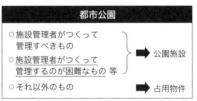

# 第8話　都市公園に設置できる建物の面積は どのくらい？

　都市公園には様々な公園施設を様々な主体が設置できることをお話ししてきましたが、都市公園の中に設置できる建築物の面積には上限（いわゆる「建蔽率」）が定められています。

　これは、都市公園が「原則として建築物によって建ぺいされない公共オープンスペースとしての基本的性格を有するもの」であるためであり、以下の「都市公園法運用指針」にその趣旨が記載されています。

　建蔽率は、都市公園という施設の最も基本的な規定ですが、法制定当初から時代とともに変わってきている規定ですので、今回はその変遷を追いながら解説します。


□都市公園法運用指針（第4版）　平成30年（2018年）3月　国土交通省都市局　抄

3．公園施設の設置基準について（法第4条関係）
3－1　公園施設の建蔽率基準について（法第4条、施行令第6条関係）
(1) 趣旨

　都市公園は、本来、屋外における休息、運動等のレクリエーション活動を行う場所であり、ヒートアイランド現象の緩和等の都市環境の改善、生物多様性の確保等に大きな効用を発揮する緑地を確保するとともに、地震等災害時における避難地等としての機能を目的とする施設であることから、原則として建築物によって建ぺいされない公共オープンスペースとしての基本的性格を有するものである。このような都市公園の性格から、公園敷地内の建築物によりその本来の機能に支障を生ずることを避けるため、公園施設として設けられる建築物の都市公園の敷地面積に対する割合（以下「建蔽率」という。）について、100分の2を超えてはならないとしてきたところである。平成24年の法改正により、地方公共団体が設置する都市公園に関する建蔽率の基準については、100分の2を超えてはならないという従来からの基準を十分参酌した上で、地域の実情に応じて、当該地方公共団体自らが条例で定めることとされた。
(以下略)


（※下線は原文にはなく、著者が追加したもの）

都市公園の中に建物を建てられる面積の上限は決まっているんですよね？　法律を読んでみたのですが、よく分からなくて……。

都市公園法第4条にある「一の都市公園に公園施設として設けられる建築物の総計の当該都市公園の敷地面積に対する割合」のことですね。

【都市公園法　抄】
（公園施設の設置基準）
第四条　一の都市公園に公園施設として設けられる建築物（建築基準法（昭和二十五年法律第二百一号）第二条第一号に規定する建築物をいう。以下同じ。）の建築面積（国立公園又は国定公園の施設たる建築物の建築面積を除く。以下同じ。）の総計の当該都市公園の敷地面積に対する割合は、百分の二を参酌して当該都市公園を設置する地方公共団体の条例で定める割合（国の設置に係る都市公園にあっては、百分の二）を超えてはならない。ただし、動物園を設ける場合その他政令で定める特別の場合においては、政令で定める範囲を参酌して当該都市公園を設置する地方公共団体の条例で定める範囲（国の設置に係る都市公園にあっては、政令で定める範囲）内でこれを超えることができる。

はい。都市公園はオープンスペースが基本なのであまり建物を建てるのはよろしくないから原則が2%とかなり厳しいんですよね。
そこまでは分かるのですが、政令で施設によって更に上乗せができるって書いてあって、その辺がよく分からないんです。

そうですね。
改正を重ねて現行の規定は少し複雑になっていますので、歴史をひもときながら見ていきましょうか。

よろしくお願いします！

まず、この法第4条の公園施設の許容建築面積の割合のことを、以下「建蔽率」と呼びますね（図1）。建蔽率というのは**建築基準法**上の言葉で、「建築物の建築面積の敷地面積に対する割合」と定義されているので厳密には定義が違いますが、都市公園の中の敷地面積の話をするときもこの言葉が一般的に使われていますので。

【建築基準法　抄】
（建蔽率）
第五十三条　建築物の建築面積（同一敷地内に二以上の建築物がある場合においては、その建築面積の合計）の敷地面積に対する割合（以下「建蔽率」という。）は、次の各号に掲げる区分に従い、当該各号に定める数値を超えてはならない。
（以下略）

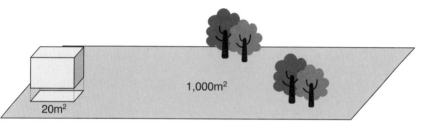

20m²（建物面積）÷ 1,000m²（公園の敷地面積）＝ 2%（建蔽率）

図1　都市公園の建蔽率のイメージ

建蔽率ですね、
分かりました。

まず、都市公園法ができた初期の頃（昭和40年（1965年））の建蔽率の規定を見てみましょう。
この頃は、
・法第4条で建蔽率を原則**2%**
・施行令第5条第1項で動物園や植物園などの施設は**＋5%**（ただし、4ha未満の公園はこの特例は適用外）
・第2項で仮設の公園施設は更に**＋2%**
と規定していました（図2）。

【都市公園法　抄】
（公園施設の設置基準）
第四条　一の都市公園に公園施設として設けられる建築物（略）の建築面積（略）の総計は、当該都市公園の敷地面積の百分の二をこえてはならない。ただし、動物園を設ける場合その他政令で定める特別の場合においては、政令で定める範囲内でこれをこえることができる。

【都市公園法施行令　抄】
（許容建築面積の特例）
第五条　都市公園に動物園、植物園、図書館、陳列館、運動施設若しくは遺跡等又は自然公園法に規定する都道府県立自然公園の利用のための施設を設ける場合においては、当該動物園若しくは植物園に公園施設として設けられる建築物、当該図書館、当該陳列館、当該運動施設若しくは遺跡等で建築物であるもの又は当該自然公園の利用のための施設として設けられる建築物に限り、当該都市公園の敷地面積の百分の五を限度として、法第四条第一項本文の規定により認められる建築面積をこえることができる。ただし、敷地面積が四ヘクタール未満の都市公園に設けられる建築物（遺跡等で建築物であるもの及び自然公園の利用のための施設として設けられる建築物を除く。）については、この限りでない。
2　都市公園に仮設公園施設（三月を限度として公園施設として臨時に設けられる建築物をいい、前項に規定する建築物を除く。以下同じ。）を設ける場合においては、当該公園施設に限り、当該都市公園の敷地面積の百分の二を限度として法第四条第一項本文又は前項の規定により認められる建築面積をこえることができる。

※ 昭和40年（1965年）当時の条文

施設毎の特例 / 原則

最大9％（実質7％）

仮設公園施設（3カ月以内）+2％

動物園、運動施設等の建築物
（公園面積4ha以上）
+5％

公園施設として設けられる全ての建築物
建蔽率 2％

図2　昭和40年（1965年）当時の都市公園の建蔽率のイメージ

おおっ！　厳しい！　最大でも9％だったんですね。
でも仮設公園施設は設置できるのが3カ月以内だから恒久的に設置できる公園施設の建蔽率は実質7％ですね。

そうですね。
本来、都市公園というのは、屋外で休息、運動等のレクリエーションを行う場であり、都市環境の改善、防火、避難地確保等の観点からの緑地の確保を目的とする施設。従って、原則として建築物に建蔽されない公共オープンスペースが基本、という思想がこの厳しい建蔽率に現れていますね。

ちなみに、原則の建蔽率の2%って、どうやって決めたんですか？

都市公園法をつくる際、全国の既存の公園の建蔽率を調査した結果やイギリスのオープンスペース法（Open Spaces Act）が定めている5%などを参考に決めたようです[1]。
建蔽率が何%までだったらオープンスペースとしてふさわしいのか、明確に線引きすることはすごく難しかったでしょうね。

なるほど。
でも、小さい公園には厳しすぎないですか？　例えば街区公園の敷地面積が0.25ha（2,500m²）として、0.005ha（50m²）しか建物を建てられないんですよ。トイレを建てたらもう休憩所もつくれないですよ。

そうですね。この建蔽率の時代はしばらく続きますが、公園が整備されてくるにつれて「さすがにちょっと厳しすぎるんじゃないか？」といった声が大きくなってきたのでしょう[2]。
平成5年（1993年）に政令が改正されて大きく変わりました（図3）。
変更ポイントは以下の4つです。
1. 建蔽率の特例の対象となる施設が「動物園等」→「**休養施設、運動施設、教養施設**」に広がった
2. 上記施設の建蔽率が　＋5%　→　**＋10%**　に上がった
3. 4ha未満の公園は特例を認めないという規定がなくなった
4. 屋根付広場など高い開放性を有する建築物は**＋10%**という規定が新たにできた

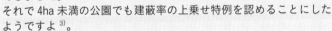

最大 24%（実質 22%）

| 施設毎の特例 | 仮設公園施設 [+2%] |
| | 休養施設、運動施設、教養施設、県立自然公園の施設 [+10%] |
| | 屋根付広場、高い開放性を有する建築物等 [+10%] |
| 原則 | 公園施設として設けられる全ての建築物 建蔽率 [2%] |

※下線部が改正による変更、追加箇所（以下同じ）

図 3　平成 5 年（1993 年）施行令改正後の都市公園の建蔽率のイメージ

**9%→24%** まで一気に上がりましたね。
それに、小さい公園もある程度建築物を建てられるようになったんですね。

4ha 未満の公園に建蔽率の特例を認めていなかったのは、住区基幹公園レベルの公園は、住区の中での貴重なオープンスペースなのだから、原則を超えてまで建築物を置く必要性は乏しい、と考えていたからです。
ですが、時代も変わって、住区基幹公園だって単なるオープンスペースじゃなく、地域のコミュニティの醸成に資するような休憩所とか、地区のシンボルになる施設を置きたい、というニーズも高まってきました。
それで 4ha 未満の公園でも建蔽率の上乗せ特例を認めることにしたようですよ[3]。

オープンスペースとして守るべきものは守りつつ（2%）、時代の要請に応じて変えるべき所は変える（＋5%→＋10%等）ってことですか。深いですね！

その後、平成 16 年（2004 年）の景観法、平成 20 年（2008 年）の「地域における歴史的風致の維持及び向上に関する法律」の成立などに伴って、**文化的価値の高い建築物に更に＋20%のボーナス**がついたり、平成 29 年（2017 年）の公募設置管理制度（Park-PFI）の創設（第 15 話参照）に伴って**公募対象公園施設が＋10%のカテゴリー**に入ったりして、現在に至っています（図 4）。

| 最大 34%（実質 32%） | 最大 24%（実質 22%） |
|---|---|

施設毎の特例

仮設公園施設 +2%

**休養施設、教養施設で**
・文化財保護法に基づき指定された建築物（平成16年（2004年））
・景観法に基づき指定された建築物（平成16年（2004年））
・地域における歴史的風致の維持及び向上に関する法律に基づき指定された建築物（平成20年（2008年））
+20%

・休養施設、運動施設、教養施設、県立自然公園の施設、災害応急対策に必要な施設（平成16年（2004年））
・公募対象公園施設（上記以外の施設）（平成29年（2017年））
+10%

屋根付広場、高い開放性を有する建築物等 +10%

原則

公園施設として設けられる全ての建築物
建蔽率 2%

図4 現行法令上の都市公園の建蔽率のイメージ

34%まで来ましたか。公園敷地の3割くらいまで建物を建てていいって、法制定当初からはずいぶん変わりましたね。
でも、施設が限定されるにしても＋20％って一気に緩和された気がしますが。

＋20％が適用される施設は、これまでとは少し考え方が異なります。
例えば、文化財保護法で文化財等として指定されている施設などが適用されますが、そういった建物って、基本的には昔からある建物で、これから新しくつくる建物ではないですよね？

そういえばそうですね。
建蔽率って、公園の敷地内にどれだけ建物をつくってよいかを考える時の目安というイメージでしたが。

普通はそうです。でもこの規定は、例えば、文化的価値の高い建物と庭が一体となって良好な景観を形成しているような場合に、それを都市公園として保全、活用することも推進しよう、という趣旨で設けられたものです[4]。
通常、建物に比して庭はそんなに広くないから建蔽率を緩和する、という発想なので、発想が全然違いますね。

新たに公園内に建物をつくるときの規定というより、今建物がある場所を公園にして保全・活用できるように、っていう趣旨の規定なんですね。

その通りです。
といっても、ここまでの話はあくまで法令上の建蔽率の話。平成23年（2011年）の地方分権一括法（第2次一括法）で建蔽率の規定も参酌基準になったので、現在は**法令上の建蔽率を参酌して、地方毎に条例でそれぞれ建蔽率を決めています。**

そうなんですね。
例えばどんなパターンがあるんですか？

地方によって様々ですが、例えば……通常建蔽率2%を4%とか5%にするところとか、基本は2%でも面積の大きな公園は思い切って10%にする、というところもあります。

【B市都市公園条例　抄】
（公園施設の設置基準）
第1条の5　法第4条第1項の条例で定める割合は、100分の4とする。

【C市公園条例　抄】
（都市公園の公園施設の建築面積基準）
第2条の3　法第4条第1項の条例で定める割合は、100分の2とする。
　　ただし、敷地面積が4万平方メートル以上である都市公園については、
　　100分の10とする。

通常建蔽率が10%ってすごいですね！
4ha以上の公園は最大42%までいけるところもあるってことですね。

逆に小さい公園だけ建蔽率を緩和している例や、特定の公園だけ建蔽率を緩和している例などもあります。

【D 市都市公園条例　抄】
第1条の4　一の公園に公園施設として設けられる建築物の建築面積の総計の当該公園の敷地面積に対する割合（以下「公園施設面積割合」という。）は、当該公園の敷地面積が 2,000 平方メートル以上である場合にあっては 100 分の 2、当該公園の敷地面積が 2,000 平方メートル未満である場合にあっては 100 分の 4 を超えてはならないものとする。

【E 市公園条例　抄】
（公園施設の設置基準）
第3条の5　法第4条第1項に規定する条例で定める割合は、100 分の 2（E 公園にあっては、100 分の 7）とする。
2　令第6条第1項第1号に掲げる場合に関する法第4条第1項ただし書に規定する条例で定める範囲は、同号に規定する建築物に限り、当該公園の敷地面積の 100 分の 10（E 公園にあっては、100 分の 31）を限度として前項の規定により認められる建築面積を超えることができることとする。

本当に地方によって、公園によって様々なんですね。

建蔽率は都市公園という施設の根幹に係る規定ですが、それすらも今は条例に委ねられています。
緑豊かなオープンスペースという基本原則を守りつつ、地方のニーズ等に応じて個々の都市公園を使いこなすためには、法律に込められた建蔽率の思想や歴史を理解した上で、さらに各地方公共団体がそれぞれの地域の特性等に応じて定めた条例の規定も理解する必要がありますよ。

分かりました！
それにしても、昔の建蔽率はずいぶん厳しかったんですね。建蔽率の上乗せができる施設もすごく限られていたし……。
あっ！　そういうことか！　謎が解けました！！

???

法律を読んでいて疑問に思っていたんですよ。法第4条で建蔽率の上乗せ特例を適用できる施設の例示が「**動物園を設ける場合その他……**」ってなっていますよね？
建築物の例示の一丁目一番地が何で動物園なんだろ？例示するなら他にもっといい施設があるだろうに、って思っていたんです。
今は政令で休養施設、運動施設……となっていて個別の施設名が出てないけど、昔は「都市公園に**動物園**、植物園、図書館……」と、一丁目一番地が動物園だった（p.85参照）からその名残で動物園なんですね。

【都市公園法　抄】
（公園施設の設置基準）
第四条　一の都市公園に公園施設として設けられる建築物（略）の建築面積（略）の総計の当該都市公園の敷地面積に対する割合は、百分の二を参酌して当該都市公園を設置する地方公共団体の条例で定める割合（国の設置に係る都市公園にあっては、百分の二）を超えてはならない。<u>ただし、動物園を設ける場合その他政令で定める特別の場合においては、政令で定める範囲を参酌して当該都市公園を設置する地方公共団体の条例で定める範囲（国の設置に係る都市公園にあっては、政令で定める範囲）内でこれを超えることができる。</u>

【都市公園法施行令　抄】
（公園施設の建築面積の基準の特例が認められる特別の場合等）
第六条　法第四条第一項ただし書の政令で定める特別の場合は、次に掲げる場合とする。
　一　前条第二項に規定する休養施設、同条第四項に規定する運動施設、同条第五項に規定する教養施設、同条第八項に規定する備蓄倉庫その他同項の国土交通省令で定める災害応急対策に必要な施設又は自然公園法（昭和三十一年法律第百六十一号）に規定する都道府県立自然公園の利用のための施設である建築物（次号に掲げる建築物を除く。）を設ける場合

おそらくそうだと考えられます。今は政令に動物園という言葉が一言も出てこないからすごく違和感がありますね。
政令を変えるから法律を変える、というわけにはいかなかったでしょうし、動物園でも間違ってはいないのでそのままになっているのでしょう。

すっきりしました！
ありがとうございます！

**注・出典**

1）佐藤昌（1977）『日本公園緑地発達史　上巻』都市計画研究所、p.469
2）公園緑地行政研究会（1993）『改正都市公園制度 Q & A』ぎょうせい、p.79
3）公園緑地行政研究会（1993）『改正都市公園制度 Q & A』ぎょうせい、p.81
4）国土交通省（2018）「都市公園法運用指針（第 4 版）」p.11

# COLUMN 　「建 " 蔽 " 率」の話

　「建蔽率」はあまりなじみのない字だと思います。パソコンはさらっと変換してくれますが、「蔽」の字を手書きしたことがある方はどのくらいいるのでしょう？　「建ぺい率」、「建ペイ率」など、ひらがなやカタカナのほうがなじみのある方が多いのではないでしょうか。

　というのも、以前は「蔽」は常用漢字ではなかったので、法律上も「建ぺい率」とひらがなで表記していました。

　ただ、平成 22 年（2010 年）に「蔽」の字が常用漢字になったので、平成 29 年（2017 年）の「都市緑地法等の一部を改正する法律」の改正の際に、建築基準法・都市計画法も「建ぺい率」を「建蔽率」に改め、「蔽」の字が法令上にも使われています。

❑ 都市緑地法等の一部を改正する法律（平成 29 年（2017 年）法律第 26 号）

（新旧対照条文より抜粋）

| | 【建築基準法】 |
|---|---|
| 新 | （建蔽率）<br>第五十三条　建築物の建築面積（同一敷地内に二以上の建築物がある場合においては、その建築面積の合計）の敷地面積に対する割合（以下「建蔽率」という。）は、次の各号に掲げる区分に従い、当該各号に定める数値を超えてはならない。 |
| 旧 | （建ぺい率）<br>第五十三条　建築物の建築面積（同一敷地内に二以上の建築物がある場合においては、その建築面積の合計）の敷地面積に対する割合（以下「建ぺい率」という。）は、次の各号に掲げる区分に従い、当該各号に定める数値を超えてはならない。 |

| | 【都市計画法】 |
|---|---|
| 新 | （建築物の建蔽率等の指定）<br>第四十一条　都道府県知事は、用途地域の定められていない土地の区域における開発行為について開発許可をする場合において必要があると認めるときは、当該開発区域内の土地について、建築物の建蔽率、建築物の高さ、壁面の位置その他建築物の敷地、構造及び設備に関する制限を定めることができる。 |
| 旧 | （建築物の建ぺい率等の指定）<br>第四十一条　都道府県知事は、用途地域の定められていない土地の区域における開発行為について開発許可をする場合において必要があると認めるときは、当該開発区域内の土地について、建築物の建ぺい率、建築物の高さ、壁面の位置その他建築物の敷地、構造及び設備に関する制限を定めることができる。 |

# 第 3 章
# 行政が都市公園を
# 使いこなす上での
# 課題とその対応方策

　都市公園は様々な機能を有する施設であるため、そのポテンシャルを引き出すことで、市民生活をより豊かにしたり、地域を活性化したり、都市の競争性をより高めたりするのに役立ちます。そして、そのためには、都市公園の中の取組だけでなく、市民との協働や、まちづくりとの連携など、様々な形で行政以外の分野や、都市公園の外の世界との連携が必要になります。

　しかし、これまで外の世界から都市公園へ寄せられる様々な要望等に対して、公園のオープンスペース性を守り、公平性・公益性を保つことを是としてきた公園管理者にとって、それは決して容易なことではありません。都市公園は、どうしても攻められる側、土地を狙われる側に立たされがちであるため、市民のため、まちのためという美声の名のもとに、また公園が荒廃してしまう可能性もあるからです。

　都市公園を守りたいが、まちのためにも役立てたい。その双方 Win-Win な関係を目指すキーワードが「都市公園を使いこなす」という言葉です。

　以下、本章では、特に行政が都市公園を使いこなす上で直面する課題を中心に、それらの理解に役立つ考え方や事例などについて解説していきます。

# 第9話　これは公園施設に該当しますか？

　前章で、公園施設とは、都市公園法第2条第2項の各号に掲げられている施設のことで、基本的に都市公園はこの公園施設によって構成されているとお話ししました。

　法令で明確に規定されているので、一見何の問題もないように見えるかもしれませんが、公園管理者を最も悩ませるのがこの公園施設の解釈についてです。

---

第二条

（略）

2　この法律において「公園施設」とは、<u>都市公園の効用を全うするため</u>当該都市公園に設けられる次に掲げる施設をいう。
　一　園路及び広場
　二　植栽、花壇、噴水その他の修景施設で政令で定めるもの
　（以下略）

---

　それは、仮に都市公園という施設が、単一の機能を発揮することのみを目的に設置されているものであるならば、統一的な見解、解釈が可能なのですが、都市公園は千差万別で1つとして同じ公園はないため、何が「都市公園の効用を全うする」施設なのかは、それぞれの都市公園によって異なるためです。

　つまり、全く同じ施設であったとしても、ある公園では公園施設に該当し、別の公園では公園施設には該当しないことも起こり得ます。

　なぜそのようなことが起こり得るのか、以下では、具体的な例をもとに公園施設の解釈についての考え方を解説します。

先輩、何が公園施設かって難しいですよね。「**この施設は公園施設に該当しますか？**」って法律を所管している国土交通省に相談してみようかと思うんですけど、どうですか？

う～ん、そういう聞き方だとあまり良い回答は返ってこないかもね。国土交通省が平成29年（2017年）に出した通知「公園施設として設置される児童館及び地縁団体の会館施設の取扱いについて」[1] を見てごらん。
児童館や地縁団体の会館（いわゆる公民館など）が公園施設に該当するかどうか、という問いに対する公式見解が書いてあって、これが参考になるよ。

---

□「公園施設として設置される児童館及び地縁団体の会館施設の取扱いについて」

（略）

1. 児童福祉法第40条に規定する児童館については、当該児童館が都市公園の効用を全うすると認められる場合には、都市公園法第2条第2項に規定する公園施設に該当すると解して差し支えない。なお、現に都市公園法施行令第5条第5項第1号の「体験学習施設」や同条第8項の「集会所」として児童館が設置されている事例が存在するところであり、設置しようとする児童館が公園施設の種類のいずれに該当するかについては、当該児童館の性格に応じて、公園管理者が判断されたい。

2. 地縁団体の会館施設については、当該施設が都市公園の効用を全うすると認められる場合には、都市公園法第2条第2項に規定する公園施設に該当すると解して差し支えない。なお、現に都市公園法施行令第5条第8項の集会所として、地縁団体が都市公園法第5条第1項の許可を受けて会館施設を設置している事例が存在するところである。
ただし、都市公園は一般公衆の自由な利用に供することを目的とする公共施設であることに鑑み、特定の団体が排他独占的に占有する施設については、都市公園の効用を全うするものであるとは言い難く、公園施設としての設置は困難であると考える。そのため、設置しようとする地縁団体の会館施設が「集会所」に該当するか否かについては、当該施設の機能や利用形態、当該都市公園の設置目的や性格を踏まえ、公園管理者が判断されたい。

---

えっ……最終的には公園管理者で判断しろって。国は判断してくれないんですか？　それって責任転嫁じゃないんですか？

そうとも言い切れないんだ。何が公園施設か問題については、こういう考え方もある。以下は、造園学の第一人者である**進士五十八氏**（東京農業大学名誉教授、福井県立大学学長）が、国土交通省の担当者から「あり方検討会」[2]の議論の進め方について相談されていたときのやり取りだ。

担当者：先生、都市公園も、公園施設も、なぜこんなに定義が曖昧なのでしょうか？　もっと端的に都市公園はこうあるべき、みたいなことが言えないでしょうか。

進士氏：いいんだよ、色々な公園があって。その多様性こそが公園の本質だ。今、面白い公園が少しずつ出てきてるでしょ。都市公園はこうじゃなきゃいけないみたいなタガをはめようとするから「公園なんかいらない」「面白くない」って言われるんだよ。

進士五十八氏

担当者：公園がもっと面白くなるためにはどうすればいいんでしょうか？　公共団体の方の話を聞いていると何が公園施設かの判断のメルクマール（目印）がないから躊躇しているケースが多いように思います。
こういうのは公園施設、こういうのは公園施設じゃない、みたいなものをもっと具体的に国が示せば、公共団体も安心して都市公園を活用できるんじゃないですか？

進士氏：そんなことできるわけないでしょ。
考えてみなさい。誰が見ても間違いなく公園施設という真っ白な施設、誰が見ても公園施設じゃない真っ黒な施設がある。でもその間にはグレーなやつがいっぱいあるんだから。

多くの施設がグレーゾーン

進士氏：それぞれの公園の特徴や過去の経緯などから、ある場所ではここまで認めているけど、ある場所ではそこまで認めていない、みたいなものがゴロゴロ転がっている。そこにいきなり国が線を引いたら大混乱に陥るぞ。
白黒つけようと思っちゃダメ！

担当者：そういうことなんですね。すいません。

進士氏：何が公園施設かなんて公園によって全然違うんだから。君たちはそんなことしなくていい。国は方向性とか、考え方とか判断の物差しだけ提供すれば、あとは地方の責任で地方が判断する。地方だって人も育ってきているんだから、その公園にとって何が良いかは自分たちで考えるべきだ。

そういうことだったんですね。

都市公園法ができて間もない頃は国がこれは公園施設として適当、不適当みたいなこともやっていたみたいだけどね。
でも、確かに公園施設の線引きは難しい。例えば、国営公園の1つである国営吉野ヶ里歴史公園には観光バスの駐車場（写真1）があるけど、これは公園施設としてどうかな？

写真1　国営吉野ヶ里歴史公園及び大型バス駐車場

これは真っ白ですよね。
弥生時代の建物を復元した公園で、修学旅行とかツアーとかの利用も多いでしょうし、観光バス駐車場がないと利用者が困りますよね。

それじゃ、街区公園に観光バスの駐車場をつくるとしたら？

それは真っ黒じゃないですか？

街区公園は歩いてくるような人を対象に設置する小さい都市公園ですよね。観光バスに乗ってブランコや滑り台で遊びに来ることは想定されないし、明らかにその公園のための施設とは言えないから公園施設とは言えないでしょ。

それじゃ、種別上は街区公園だけど、以下のような条件の街区公園に観光バス駐車場をつくるとしたら？

【条件】
● 公園面積：約8,000m²（通常の街区公園よりかなり広い）
● 公園の中には遊具はなく広場が主体
● 公園内に観光資源はないが、近くに観光地があり、公園をそれら観光資源と一体となった地区の観光の拠点、玄関口と位置づけ、再整備する計画がある
● 公園利用者、観光客の利便性の向上のための飲食、休憩場所となる施設をあわせて整備予定

遊具もないから子ども向けの公園ではないし、公園をその地区の観光の拠点にすると意思表示して、そのための再整備をしようとしているので、通常の街区公園の設置目的とは違いますね。
でも、その駐車場は公園を目指して来る人のためのものというよりは近くの観光地のためのものでしょ。さっきの吉野ヶ里のように公園を目指して来る人のための駐車場とは明らかに違いますね。
公園の設置目的がその地区の観光の拠点だと言うなら、その目的の達成に資する観光バス駐車場も公園の効用を全うする公園施設だという解釈は成り立つんでしょうか？
う～ん、真っ黒とまでは言えない気がするけど、真っ白とも言えないし……。こういうのがグレーなんですね。

?

公園施設

非公園施設

そうだね。
例えば、さっきの条件の他に、住民の総意としてその公園を観光拠点にしてほしい、という合意ができているとか、まちづくりの計画などでその公園が観光拠点として位置づけられている、とかいう話になると、より白に近いグレーになっていく気がする。
同じ「観光バス駐車場」でも、色々な地域の条件、公園の条件次第で、黒にも白にもなり得るんだ。一般論的な仮定や条件だけで判断することは難しいでしょ。
結局は、その公園をどのように整備、管理したいのかについて責任ある立場である公園管理者以外に、その公園の公園施設について判断できる者はいないんだ。

そういうことなんですね。
でも、以前教えていただいた「あり方検討会」の報告書では、公園管理者も公園の中だけを見ているんじゃなくて、街全体が幸せになるために視野を広げるべきって言っていましたよね？　そういう観点からすると、さっきの街区公園の駐車場は、私は良いと思うんですが。
「街のため」と「都市公園のため」って一見、相容れないような気がしますが、どうなんでしょう？

鋭い指摘だね。そのやっかいな矛盾に対する1つの答えとして「あり方検討会」の報告書に盛り込まれた言葉こそ**「都市公園を一層柔軟に使いこなす」**なんだ（図1）。

| 新たなステージで重視すべき観点 | ストック効果をより高める | 民との連携を加速する | 都市公園を一層柔軟に使いこなす |
|---|---|---|---|
| パラダイムのシフト | ●つくること、規制することを重視<br>●都市公園の中だけでの発想<br>▼<br>●使うこと、活かすことを重視<br>●都市全体、まちづくり全体の視野での発想 | ●行政主体の整備、維持管理<br>▼<br>●市民やNPO等の主体的な活動を支援<br>●民間施設との積極的な連携 | ●硬直的な都市公園の管理<br>●維持管理の延長での公園運営<br>▼<br>●地域との合意に基づく弾力的な運用<br>●まちづくりの一環としてのマネジメント |

図1　新たなステージで重視すべき観点（抜粋）[3]

公園を柔軟に使いこなす？　どういう意味でしょうか？

杓子定規に考えたら「公園施設を街のために設置するという発想自体がおかしい」となるよね。公園施設かどうかは、あくまで「その施設がその都市公園のためになるかどうか」で判断するんだから街のためという観点は関係ない、と考えれば。
でも、もっと柔軟に幅広い視野で、公園のポテンシャルを引き出して街のために役立てようという目的を持って「公園のためにも、街のためにもなる施設」を設置することや、まちづくりという広い視野も含めて公園を管理することは、これからの公園管理者としてあるべき姿だ、というメッセージがここに込められているんだ。

なるほど。そういうことですか。
でも、都市公園法ができたのは、公園に関係ないものがどんどん公園の中に入ってきて壊滅しかかったからですよね？

その通りだよ。

「街のためなんだから少しくらい公園に置かせてよ」って言ってくる施設設置要望を全て聞いていたら、また都市公園が荒廃してしまうと思います。さっきの観光バス駐車場も、一度あるところで認めたら、「こっちも、こっちも」と色々なところで駐車場をつくってくれ、という話が来るような気がします。
ある公園はいいけど、ある公園はだめ、みたいなことって通用するんでしょうか？

それこそ「使いこなす」なんだろうね。
もちろん、都市公園法ができた経緯、「基本的に建築物によって建ぺいされない緑豊かな公共空間」という原則をまず踏まえる必要がある。
その上で、時代の潮流やまちづくりの方向性、地域住民のニーズといった公園の外の要因も加味した上で、僕たちの市の都市公園の全体の方針を整理し、さらにその上で、その都市公園はどうあるべきか、そしてそのための施設はどうあるべきか、を個々の都市公園毎に考え、整理していく必要があるんだろう。
「使いこなす」は「妥協する」のとは違う。場当たり的な対応はNGだ。

【「新たなステージに向けた緑とオープンスペース政策の展開について」 抄】[3]
(3) 都市公園を一層柔軟に使いこなす
　(略)
　　都市公園は、その多機能性の根幹である基本的に建築物によって建
　ぺいされない緑豊かな公共空間としての性格を維持しつつ、地域ご
　と、都市公園ごとの個性に応じた整備、管理運営を様々なステークホ
　ルダーとの合意に基づきながら行うことで、そのポテンシャルを最大
　限発揮できる施設である。
　　このため、民間活力の導入ポテンシャルが高い都市公園は、様々な
　施設の導入やイベントの誘致等を積極的に行ってその収益等を整備や
　管理運営に還元し、地域住民のコミュニティ形成拠点としてのポテン
　シャルが高い都市公園は、市民による主体的な整備・管理運営に委ね
　る、多様な動植物の生息・生育場所としてのポテンシャルが高い都市
　公園は、自然環境を保全するための適切な利用制限、管理を行うなど、
　個々の都市公園が有するポテンシャルに応じ、都市公園を柔軟に使い
　こなすことが必要である。

そんなに色々考えないといけないなんて……。
私に使いこなせるかな？　あまり自信がない……。

自分一人だけで考えようとすると難しいかもね。報告書にも「様々
なステークホルダーとの合意に基づきながら」って書いてあるでしょ。
公園管理者だけで考えるんじゃなくて、学識経験者の意見を聞きな
がら市全体の方針を決める、地域のみんなでその公園の使い方を決
める、その公園にどんな施設がふさわしいかを決める、というやり
方もある。そのために平成29年（2017年）の法改正で「**協議会**」
という制度が新たにできたんだ。

【都市公園法　抄】
(協議会)
第十七条の二　公園管理者は、都市公園の利用者の利便の向上を図るため
　に必要な協議を行うための協議会（以下この条において「協議会」とい
　う。）を組織することができる。
2 協議会は、次に掲げる者をもって構成する。
　一　公園管理者
　二　関係行政機関、関係地方公共団体、学識経験者、観光関係団体、商
　　　工関係団体その他の都市公園の利用者の利便の向上に資する活動を行
　　　う者であって公園管理者が必要と認めるもの
3 協議会において協議が調った事項については、協議会の構成員は、その
　協議の結果を尊重しなければならない。
4 前三項に定めるもののほか、協議会の運営に関し必要な事項は、協議会
　が定める。

そんな制度があるんですね。

都市公園を使いこなす上で、地域の理解と協力はすごく大事だ。
協議会は、都市公園をもっと良くしていくため、公園管理者や学識
経験者、地域の関係者が一緒に協議しながら都市公園のローカルル
ールなどをつくって、実行していけばいいんじゃないか、という発
想でできた制度だ[4]。

なるほど。
都市公園を使いこなすための重要なツールになりそうですね。

そうだね。都市公園を使いこなすのは、たやすいことではない。
正解は1つではないだろうし、色々な選択肢から、街のため、公園
のために最適な方法を試行錯誤しながら考えて、都市公園を地域の
ニーズに応じて活用していく、もしくは守っていくことが求められ
るんだ。

私も、少しでも都市公園を使いこなせるようにがんばります!

**注・出典**
1) 国土交通省都市局公園緑地・景観課（国都公景第217号　平成29年（2017年）3月31日）「公園施設として設置される児
童館及び地縁団体の会館施設の取扱いについて」
2) 新たな時代の都市マネジメントに対応した都市公園等のあり方検討会
3) 国土交通省（2017）「新たなステージに向けた緑とオープンスペース政策の展開について（新たな時代の都市マネジメント
に対応した都市公園等のあり方検討会　最終報告書）」
4) 協議会の詳細については、国土交通省（2018）「都市公園法運用指針（第4版）」pp.47-48参照

# COLUMN 公園管理者が手元に置いておくべき本

　都市公園を管理するにあたって、基本となる本が以下の3冊です。これらの本を通読する、というより必要が生じたときに辞書代わりに読むような使い方になるとは思いますが、手元にあると何かと役立ちます。

## □公園・緑地・広告必携

監　修：国土交通省都市局公園緑地・景観課

編　集：公園緑地行政研究会

出版社：ぎょうせい

都市公園法や都市緑地法、屋外広告物法などの法令や運用指針、通知等がコンパクトに収録されている本。

## □都市公園法解説（改訂新版）

監　修：国土交通省都市局公園緑地・景観課

編　著：都市公園法研究会

発行元：日本公園緑地協会

都市公園法の逐条解説本。法律の解釈について悩んだらまずこれを読んで、それでも分からなければ人に聞く、というのが公園管理者のマナー。

## □公園緑地マニュアル

著　者：日本公園緑地協会

都市公園や緑地保全等の予算の額の推移や制度の変遷などが詳しい本。

# 第10話　都市公園は廃止できる？

　都市公園法は、高度経済成長期に限りある土地の奪い合いの中で荒廃していく公園を守ることを主眼として制定された法律ですので、都市公園が容易に廃止されないような規定が備わっています。

---

（都市公園の保存）

第十六条　公園管理者は、次に掲げる場合のほか、みだりに都市公園の区域の全部又は一部について都市公園を廃止してはならない。

　一　都市公園の区域内において都市計画法の規定により公園及び緑地以外の施設に係る都市計画事業が施行される場合その他公益上特別の必要がある場合

　二　廃止される都市公園に代わるべき都市公園が設置される場合

　三　公園管理者がその土地物件に係る権原を借受けにより取得した都市公園について、当該賃借契約の終了又は解除によりその権原が消滅した場合

---

　この規定ができたことで、都市公園の廃止については一定の歯止めがかかりました。その後も、当該規定は、具体的な事案に応じてその運用、解釈が議論になることはあるものの、総じて都市公園を守るために効果を上げています。

　しかし、時代は常に変化しています。現在は、急激な人口増加や経済成長を背景に公園が危機に瀕している時代ではなく、人口の減少が今後も見込まれ、公園が一定程度整備されている時代です。

　そのような中にあって、この公園を守るための規定には、新たな課題が突きつけられています。

　例えば、宅地の開発にあわせて整備され、かつては子供の声に溢れていたブランコや滑り台のある小さな公園を、時の経過とともに周辺の人口が減少し、子供の声が途絶えた中であっても今後も維持していく必要があるのか、それでも都市公園は廃止できないのか、といった類いの命題です。

　時代の要請によりできた規定ですが、これからの時代でどう運用していくべきか、今後も議論が必要なのかもしれません。

一度供用を開始した都市公園って廃止できないんですか？

いや、廃止できるよ。
法第16条第1項第1号〜第3号のいずれかに該当すれば、都市公園を廃止することができる。

【都市公園法　抄】
（都市公園の保存）
第十六条　公園管理者は、次に掲げる場合のほか、みだりに都市公園の区域の全部又は一部について都市公園を廃止してはならない。
一　都市公園の区域内において都市計画法の規定により公園及び緑地以外の施設に係る都市計画事業が施行される場合その他公益上特別の必要がある場合
二　廃止される都市公園に代わるべき都市公園が設置される場合
三　公園管理者がその土地物件に係る権原を借受けにより取得した都市公園について、当該貸借契約の終了又は解除によりその権原が消滅した場合

なるほど。
でも結構厳しそうな条件ばかりですね。

以前も話したように、都市公園法は、高度経済成長期に、限りある土地の奪い合いの中でどんどん潰されていく公園を何とか守ろうとして成立したので、その成り立ちからすると都市公園の廃止を厳しく制限しているのは当然と言える。

そうですね。
道路を潰してそこに何かつくろう、と発想する人はなかなかいないけど、公園を潰してそこに何かつくろう、と発想する人は星の数ほどいるでしょうしね。

こういう規定がないと歯止めがきかないんだろうね。
『都市公園法解説』[1] という本にもそのあたりの当時の状況が詳しく書かれている。

□都市公園法解説【改訂新版】　p.19　抜粋

（略）

　このような背景の中で公園が先覚者の苦心と努力の結果長い年月をかけて整備され、蓄積されてきたにもかかわらず、特に戦後の混乱期において公園の効用となんら関係のない工作物、施設その他の物件が設けられ、また、公園を廃止し他の用途に使用する例も多く見られた。この結果、<u>公園の潰滅は甚だしく、昭和31年1月現在において建設省において判明した分だけでも、全国で167カ所、約530ヘクタールに達した</u>。このような状況に対処し、公園施設の規格化、公園管理上の手続きの法定化など都市公園の設置及び管理に関する基準等を定めその適正化を図るため、統一した体系的な法規として都市公園法を定めることになったのである。

当時分かっただけで公園が167カ所も廃止されていたなんて……。
都市公園は開発する側から見たら「おっ！　ちょうど良いところに空き地がある！」みたいにしか見えないから、こういう厳しい規定がないと、どんどんなくなっていってしまうんですね。
でも、第1号の他の都市計画事業の関係で廃止する場合や第2号の代替の公園が確保できるなら廃止していいよ、っていうのは分かりますが、第3号の貸借契約うんぬんってどういう意味ですか？

第3号は、昭和31年（1956年）の当初法にはなかったんだけど、平成16年（2004年）の改正で追加された規定なんだ。
簡単に言うと「借地契約が終了したから廃止する」というのも都市公園の廃止事由としていいよっていう規定だよ。

何でそんな規定をわざわざ入れたんですか？

この規定は、都市化が進行してなかなか公園用地も確保できない中、土地を売るのはイヤだけど貸すならいいよって言ってくれる地主さんと借地契約を結び、その借地期間の間都市公園として供用する、いわゆる**借地公園**も推進していこうという観点から追加されたんだ。

それじゃ、それまでは借地契約が終了しても都市公園を廃止できなかったんですか？

いや、実態としては第1号の最後に書いてある**「その他公益上特別の必要がある場合」**に該当するとして廃止していた。
ただ、土地を貸す方からすると明確に書いてないので、「一回貸したらもう返ってこないんじゃないか」と思う人もいたみたい。確かに法律上明確に書いてある方が安心だろうね。

なるほど。第3号は都市公園を廃止させないため、というより都市公園を借地でもいいから何とか増やそうという前向きな観点で入っているんですね。
そうそう、気になっていたのですが、「その他公益上特別の必要がある場合」ってどんな場合のことですか？

こんな場合だよ、っていう例を挙げづらいんだけど、都市公園法運用指針では以下のように解説している。

【都市公園法運用指針（第4版）　抄】
7．都市公園の保存規定について（法第16条関係）
（参考「公益上特別の必要がある場合」について）
　　「公益上特別の必要がある場合」とは、その区域を都市公園の用に供しておくよりも、他の施設のために利用することの方が公益上より重要と判断される場合のことである。
　　その判断に当たっては客観性を確保しつつ慎重に行う必要がある。例えば土地収用法第4条においては、同法又は他の法律によって、土地等を収用し、又は使用することができる事業の用に供している土地等は、特別の必要がなければ収用し、又は使用することができない旨規定しているが、法第16条で規定する「公益上特別の必要がある場合」においても、少なくとも土地収用法第4条に規定する程度の特別の必要が求められると考えられる。
　　一方、……（以下略）

例えば、都市公園にしておくよりも学校にした方がその土地の使い方としてより公益にかなっている、と客観的にいろんな人の意見を聴いた上で、考えに考え抜いて判断したなら、都市公園を廃止することもありだ、というような趣旨だよ。

でも何が公益上重要かって一般論じゃ決められなくて、地域によっても、人によっても違いそうだから難しいですね。
結局はそれぞれの地域の状況を踏まえて、それぞれの公園管理者が判断するしかないってことですね。

そういうことなんだが、そういえば何で急に都市公園の廃止の話を聞いてきたの？
どこかで「公園を潰して何かつくりたい」みたいな話が挙がってきたの？

いえ、そういうわけではないんですが……。
私たちの市も結構たくさん公園あるじゃないですか。中にはあまり利用されていないような公園もありますし、ずっと持っていても管理費がかかるから、いっそいくつか廃止したら……って考えたんです。
でも、そんなに簡単な話じゃないんですね。

なるほど。実に今日的なテーマだね。
これまで都市公園の廃止が議論になるときは、都市公園として供用している場所を他の用途に使いたい、という公園が外から狙われるケースがほとんどだった。
でも、最近ではある程度都市公園も整備されてきた。その一方で予算はない、人口も減っていくという時代だ。となると、公園管理者の方から「この公園いっそ廃止した方が……」みたいな話が出てきても不思議じゃない。
都市公園法をつくった人たちからは、「この罰当たりが！　けしからん!!」って言われそうだけど……。

すみません！
さすがに公園の維持管理費がないから、じゃ公益上特別な必要がある場合とは言えないですよね……。

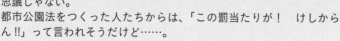

ただ、人口減少社会を迎え、コンパクトシティ[2]へと都市を再構築していこうとしているこれからの都市計画の中では、都市施設の再編や統廃合は避けては通れない課題だ。施設の総量管理という視点も大事だしね。
だから、国の「あり方検討会」では、都市機能の集約に都市公園はどう対応すべきか、小規模公園の統廃合を含む再編の是非などについても議論がなされたんだ。

その結果はどうだったんですか？

その結果は、「あり方検討会」の最終報告書に書いてある[3]けど、平成29年（2017年）の法改正にあわせてそのエッセンスが都市公園法運用指針にも盛り込まれた。
さっき紹介した「公益上特別の必要がある場合」の続き部分に以下の文言が追加されたんだ。
つまり、都市公園よりも他の施設にした方が公益にかなう、という場合の他に、都市公園として存続させるよりも廃止した方が公益にかなう、という場合も廃止理由になるよ、というのを追加したんだ。

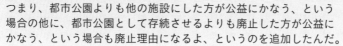

【都市公園法運用指針（第4版） 抄】
7．都市公園の保存規定について（法第16条関係）
（参考 「公益上特別の必要がある場合」について）
（略）
　　　一方、今後は人口減少等により設置目的を十分果たせなくなる都市公園が発生することも見込まれるため、地方公共団体が、地域の実情に応じ、都市機能の集約化の推進等を図るため、都市公園を廃止することの方が当該都市公園を存続させることよりも公益上より重要であると、客観性を確保しつつ慎重に判断した場合については、「公益上特別の必要がある場合」と解して差し支えない。
　　なお、……（以下略）

廃止した方が公益にかなうって……なんか、かわいそうな公園ですね。
でも、周りに人っ子一人いなくなったのに公園だけ残っていてもしょうがないし、コンパクトシティのためなら、公園管理者の側から都市公園を廃止してもいいよっていうことですか？

簡単に言えばそういうこと。ただ、都合良く濫用されないように、その判断にあたって4つほど留意事項を挙げているよ。

1つ目は、人口減少社会に突入しているといっても、都市によっては人口がまだ増えていくところもあるし、それぞれの都市で全然状況が違うんだから、全国一律に公園を減らしていこうという話じゃないですよってこと。

2つ目は、公園面積の増減よりも、都市にとってプラスかどうかという点を重視しましょう。

3つ目は、立地適正化計画などの都市全体の計画等に基づいて、地域ニーズを踏まえながら計画的にやりましょう。

4つ目は、一人あたり公園面積の目標をこの地区では達成しているから、などの整備水準の目標等も踏まえて考えましょう、ということ。

【都市公園法運用指針（第4版）　抄】
7．都市公園の保存規定について（法第16条関係）
（参考「公益上特別の必要がある場合」について）
（略）

　なお、都市機能の集約化の推進等を図るため都市公園の廃止を検討する場合には、主として以下の点に留意されたい。

- 人口減少の進行の程度や都市公園の整備状況等は都市によって異なるため、都市公園の統廃合を進める必要がある都市、都市公園の確保をさらに進める必要がある都市など、それぞれの都市の状況に応じた対応が必要であること
- 都市公園の再編による公園面積の増減は判断要素の一つではあるが、再編によって都市公園のストック効果が総合的に高まり、それによって都市機能が向上するか、都市が活性化するかという観点を重視すること
- 立地適正化計画、公共施設等総合管理計画等の都市やエリア全体の方針、計画等に基づき、地域のニーズを踏まえて計画的に行うこと
- 都市公園の全体的な量的整備水準の目標、地域レベルでの配置の目標などを総合的に判断すること

色々と考えないといけないんですね。

従来型の公園廃止議論はある意味では単純だった。公園を廃止することは跡地を何にするかとセットでの議論だったから。

でも、新しい公園廃止議論は「この公園を手放したい」という消極的な動機に端を発しているので、その跡地を何にするか、明確に決まっていることは少ないと思う。売るにしたって、周りがどんどん人口が減っている場所だったら、あえてその土地を買おうという人もそんなにいないでしょ？

それもそうですね。

郊外に取り残された公園や小規模な公園は廃止すれば問題が解決するというものではなく、むしろそのあとをどうするかの方が難しい。それに、施設の再編や統廃合の議論は「総論賛成、各論反対」になりがちだしね。

「市の財政状況も分かるから都市公園を廃止することはいいけど、私の家の隣の公園は廃止するな」って、ありがちですよね。

だから、例えば「空き家や空き地をまとめて活用する計画に基づくものです」とか「公有地の有効活用計画の一環です」「郊外部を農と共生してやっていく場所にする方針です」など都市全体の再構築の方針を明確にして、それに基づいて計画的に進めていくことが重要なんだ。
そこで、場当たり的対応にならないように、個別の公園だけ見ていてもダメですよ、地域全体、都市全体の視野に立って進めないとダメですよ、と強調しているんだ。

なるほど。公園をつくるのも、廃止するのも、その周りも含めたもっと広い視野、ビジョンに基づく判断が必要なんですね。

1) 日本公園緑地協会（2014）『都市公園法解説（改訂新版）』
2) 平成 25 年度（2013 年度）版国土交通白書においては、コンパクトシティの定義について「論者や文脈によって異なるが、一般的には、①高密度で近接した開発形態、②公共交通機関でつながった市街地、③地域のサービスや職場までの移動の容易さ、という特徴を有した都市構造のことを示すと考えられる」としている。本書では、持続可能な都市経営のため、都市の郊外拡散の防止、生活サービス機能や居住の集約によるコンパクトな都市構造への転換という意味で使用。
3) 国土交通省（2017）「新たなステージに向けた緑とオープンスペース政策の展開について（新たな時代の都市マネジメントに対応した都市公園等のあり方検討会　最終報告書）」pp.22-23

# COLUMN　「運用指針」とは

　法令の条文は、もちろん意図や必要性があって設けられているのですが、その意図や必要性までは法令に書けません。

　そこで、法令の規定を補足し、読む人の理解を助けるものとして、その規定をなぜ設けたか、どのような観点で運用してほしいのか等が示されたものが「運用指針」です。

　本書でも度々、都市計画運用指針や都市公園法運用指針を引用していますが、法令の趣旨等を理解する上で必須の資料です。

❏参考：都市公園法運用指針（抜粋）

---

都市公園法運用指針（第4版）

平成30年3月
国土交通省都市局

はじめに

　都市公園は、人々のレクリエーションの空間となるほか、良好な都市景観の形成、都市環境の改善、都市の防災性の向上、生物多様性の確保、豊かな地域づくりに資する交流の空間など多様な機能を有する都市の根幹的な施設である。

　都市公園法（昭和31年法律第70号。以下「法」という。）は、都市公園の健全な発達を図り、もって公共の福祉の増進に資することを目的として、都市公園の設置及び管理に関する基準等を定めた法律である。都市における緑とオープンスペースを整備、保全、活用し、良好な都市環境を形成していくためには、都市公園法に基づく各制度について、その趣旨に則って適確に運用していくことが重要である。

　本指針は、法第31条に規定する国による都市公園の行政又は技術に関する助言の一環として、都市公園制度の趣旨や意図、法の円滑かつ適切な運用を図るに当たって望ましい運用のあり方やその際の留意事項等について原則的な考え方を示すことで、地方公共団体や地方整備局が都市公園の整備及び管理を行う際の参考に資することを目的として、作成したものである。

　また、本指針はこうした考え方の下に策定するものであることから、地域の実情等によっては、本指針に示した原則的な考え方によらない運用が必要となる場合もあり得るが、当該地域の実情等に即して合理的なものであれば、その運用が尊重されるべきである。（以下略）

---

# 第11話　小規模公園はなぜ多い？

　都市公園は全国に約11万箇所あるわけですが、その内の約4割は0.1ha（1,000m²）にも満たない、非常に小さな公園です。

　最も面積の小さな種別の都市公園である街区公園の標準面積が0.25ha（2,500m²）と規定されているにも係らず、なぜその2分の1にも満たない面積の公園がこれだけ多いのでしょうか？

　それは、一見都市公園とは関係ないように見える、都市計画法に規定される「開発行為」という規定が大きく関わっています。

---

【都市計画法　抄】

第四条

　（略）

12　この法律において「開発行為」とは、<u>主として建築物の建築又は特定工作物の建設の用に供する目的で行なう土地の区画形質の変更</u>をいう。

---

　今回は、この開発行為を中心に、非常に面積の小さい公園がなぜ多いのかについて解説します。

小規模公園のイメージ

私たちの市ってすごく小さい公園ばかりある気がするんですが、なぜですか？

それじゃ、全国的な傾向も見てみよう（図1）。
僕たちの市だけでなく、全国的にも**街区公園の標準面積 0.25ha (2,500m²) に達していない公園が全体の約7割**、更に **0.1ha（1,000m²）未満の公園は約4割**を占めていて、すごく小さい公園が多いんだ。

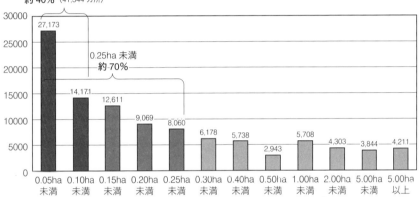

図1　面積別全国の都市公園等の箇所数（平成25年度（2013年度）末）[1]

全国的にも同じような傾向なんですね。
大きい公園より小さい公園の方がつくりやすいから数は多いでしょうけど、それにしたって、あまりにも小さい公園ばかりじゃないですか？
誰がこんなにちまちまつくったんですか？

そうだね。誰がつくったか、つまりどのような手法で都市公園がつくられてきたか、というのは大事なポイントだ。
都市公園は都市施設の1つなので、都市計画に基づいて整備されるのが基本だ。都市公園や道路などを個別に都市計画事業の認可をとって整備する手法もあれば、それらの都市施設をまるごと面的に整備する事業手法もある。
その面的整備の代表選手が**土地区画整理事業**なんだ。実は、住区基幹公園（街区・近隣・地区公園）の半分くらいはこの土地区画整理事業で生み出されたものなんだよ。

【土地区画整理事業運用指針　抄】
Ⅲ-1　土地区画整理事業の役割
1．概説
　　土地区画整理事業は、道路、公園等公共施設の整備・改善と宅地の利用の増進を一体的に進めることにより、健全な市街地の造成を図る事業手法として、我が国の都市整備上最も中心的な役割を果たしてきた制度である。
　　これまでに土地区画整理事業は、関東大震災や第二次世界大戦からの復興、戦後の急激な都市への人口集中に対応した宅地供給、都市化に伴うスプロール市街地の改善、地域振興の核となる拠点市街地の整備等、既成市街地、新市街地を問わず多様な地域で、多様な目的に応じて活用されてきた。土地区画整理事業による市街地の着工実績は、平成12年度末までに、我が国の人口集中地区(DID)面積の約3割に相当する約39万haにのぼる。また、新規の宅地供給の約3〜4割、開設されている街区公園、近隣公園、地区公園の約1/2は、土地区画整理事業で生み出されたものである。

土地区画整理事業？
何ですか、それ？

土地区画整理事業は、土地を整形しながら道路、公園などの都市施設や住宅の整備・改善を一体的に進める事業手法だよ（図2）。都市を形づくる上で中心的な役割を果たしてきたので「都市計画の母」なんて呼ばれることもある。

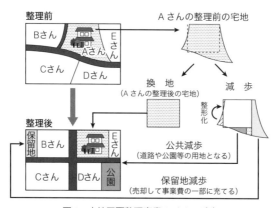

図2　土地区画整理事業のイメージ 2)

なるほど。みんなの土地を少しずつ出しあって、道路を広げたり、公園を整備したりしてその地区全体を住みやすくするんですね。

土地区画整理事業を施行する際には、基本的に**施行地区面積の3%以上を公園にする**ことが法令で決まっている。だから、区画整理をやればセットで必ず公園が生まれるので、区画整理は都市公園の母でもある。

---

【土地区画整理法　抄】
（事業計画）
第六条　第四条第一項の事業計画においては、国土交通省令で定めるところにより、施行地区（施行地区を工区に分ける場合においては、施行地区及び工区）、設計の概要、事業施行期間及び資金計画を定めなければならない。
（略）
II　事業計画の設定について必要な技術的基準は、国土交通省令で定める。

【土地区画整理法　施行規則　抄】
（設計の概要の設定に関する基準）
第九条　法第六条第一項に規定する設計の概要の設定に関する同条第十一項（法第十六条第一項、第五十一条の四、第五十四条、第六十八条及び第七十一条の三第二項において準用する場合を含む。）に規定する技術的基準は、次に掲げるものとする。
（略）
　六　設計の概要は、<u>公園の面積の合計が施行地区内に居住することとなる人口について一人当り三平方メートル以上であり、かつ、施行地区の面積の三パーセント以上</u>となるように定めなければならない。ただし、施行地区の大部分が都市計画法（昭和四十三年法律第百号）第八条第一項第一号の工業専用地域である場合その他特別の事情により健全な市街地を造成するのに支障がないと認められる場合及び道路、広場、河川、堤防又は運河の整備改善を主たる目的として土地区画整理事業を施行する場合その他特別の事情によりやむを得ないと認められる場合においては、この限りでない。

---

それだけたくさん公園をつくってきたということは、もしかして区画整理が小さい公園をたくさん生み出してきたってことですか？

もちろん施行地区の条件によっては小規模な公園が生み出されることもあるだろうけど、小規模公園大量生産を語る上での本丸は別にある。**開発行為**に伴って設置される公園だ。

開発行為 ??
今日は新しい言葉がいっぱい出てきますね。

開発行為は都市計画法に定められていて、宅地を造成したり、土地を切り盛りしたり、道路などを整備したりする行為のこと。都市の中で何かつくろうと思ったら大体この開発行為に該当する。
そして、都市の中で開発行為をやりたい人は、基本的に都道府県知事等に許可をもらわないとできないことになっている。

【都市計画法　抄】
（定義）
第四条
　　　（略）
12　この法律において「開発行為」とは、主として建築物の建築又は特定工作物の建設の用に供する目的で行なう土地の区画形質の変更をいう。

（開発行為の許可）
第二十九条　都市計画区域又は準都市計画区域内において開発行為をしようとする者は、あらかじめ、国土交通省令で定めるところにより、都道府県知事（地方自治法（昭和二十二年法律第六十七号）第二百五十二条の十九第一項の指定都市又は同法第二百五十二条の二十二第一項の中核市（以下「指定都市等」という。）の区域内にあっては、当該指定都市等の長。以下この節において同じ。）の許可を受けなければならない。ただし、次に掲げる開発行為については、この限りでない。

その開発行為と小さい公園とはどう関係するんですか？

都市計画法では、この開発行為を許可する基準を定めている。そして、その基準が、さっきの土地区画整理事業の施行の条件と基本的に一緒で、開発区域の3％を公園、緑地、広場にすることなんだ。

区画整理と同じように、開発行為をする人が一緒に公園をつくってくれるわけですね。

【都市計画法　抄】
（開発許可の基準）
第三十三条　都道府県知事は、開発許可の申請があった場合において、当該申請に係る開発行為が、次に掲げる基準（第四項及び第五項の条例が定められているときは、当該条例で定める制限を含む。）に適合しており、かつ、その申請の手続がこの法律又はこの法律に基づく命令の規定に違反していないと認めるときは、開発許可をしなければならない。
（略）
2　前項各号に規定する基準を適用するについて必要な技術的細目は、政令で定める。

【都市計画法　施行令　抄】
（開発許可の基準を適用するについて必要な技術的細目）
第二十五条　法第三十三条第二項（略）に規定する技術的細目のうち、法第三十三条第一項第二号（法第三十五条の二第四項において準用する場合を含む。）に関するものは、次に掲げるものとする。
（略）
六　開発区域の面積が〇・三ヘクタール以上五ヘクタール未満の開発行為にあつては、開発区域に、面積の合計が開発区域の面積の三パーセント以上の公園、緑地又は広場が設けられていること。ただし、開発区域の周辺に相当規模の公園、緑地又は広場が存する場合、予定建築物等の用途が住宅以外のものであり、かつ、その敷地が一である場合等開発区域の周辺の状況並びに予定建築物等の用途及び敷地の配置を勘案して特に必要がないと認められる場合は、この限りでない。
七　開発区域の面積が五ヘクタール以上の開発行為にあつては、国土交通省令で定めるところにより、面積が一箇所三百平方メートル以上であり、かつ、その面積の合計が開発区域の面積の三パーセント以上の公園（予定建築物等の用途が住宅以外のものである場合は、公園、緑地又は広場）が設けられていること。

そう。そして区画整理の場合は大規模に何haもの範囲で事業を施行することが多いので、3％といってもそこそこ大きいけど、開発行為の場合は、ちょっとした分譲住宅やマンション開発なども該当してくる。
施行面積が小さくなれば、そこから生み出される公園も……。

えーっと、都市計画法施行令第25条第1項第6号の開発区域の最低面積は0.3ha（3,000m²）だから……、例えば0.3ha（3,000m²）の開発行為をする場合、その3％は……**0.009ha（90m²）**！
だから小さい公園ができやすいんですね。

そうだね。開発行為に伴って生み出される公園は「**開発公園**」とか「開発提供公園」などと呼ばれている。
開発公園の数ははっきり分からないけど、開発許可件数は、昭和45年（1970年）からの累計で100万件[3]くらいあるらしいよ。既に周りに公園があって公園等の設置が免除される場合もあったりするけど、それにしてもすごい数の開発公園が生み出されているはずだよ。

う〜ん。
そうやって小さい公園が大量生産されてきたわけですね。

公園管理者は、都市計画に基づいて都市公園を建設するので、ある程度の規模の公園をつくるのが普通だ。
都市計画的に規格外の小さい公園のほとんどはこういった開発事業によって生み出されたものだと思う。
そうやって整備されたものが開発事業者から行政に移管され、都市公園として管理されているので、結果として小さい公園が非常に多いというわけだ。

う〜ん、開発事業者も法令通りにやっているわけだし、公園管理者もタダで公園をつくってもらうわけだからあまり贅沢は言えないけど、それにしてももうちょっと何とかならないんですか？

確かに、公園が足りない時代なら公園をつくってくれるのは歓迎だったんだろうけど、今はある程度公園も充足しつつあり、その管理をどうしていくかが深刻な課題になっている時代だからね。
この小規模公園問題については、みんな色々と試行錯誤しているところだけど、その話はまた次回にしよう。

注・出典
1) 国土交通省（2017）「新たなステージに向けた緑とオープンスペース政策の展開について（新たな時代の都市マネジメントに対応した都市公園等のあり方検討会　最終報告書）」p.6
2) 国土交通省都市局作成資料「都市施設計画」（平成30年（2018年）12月）より
〈https://www.mlit.go.jp/toshi/city_plan/toshi_city_plan_tk_000043.html〉
3) 国土交通省ウェブサイト「開発許可制度の概要の開発許可件数・許可面積」
〈https://www.mlit.go.jp/toshi/city_plan/toshi_city_plan_fr_000046.html〉

# COLUMN　　小規模公園に関するデータ

　開発公園等の全国的なデータはありませんが、日本公園緑地協会が全国の政令指定都市と共同で行った調査※の結果がありますので、そのデータをもとにした分析を以下に示します。

☑ 公園を整備する手法は、本文中で紹介した土地区画整理事業、開発行為以外にも下表のように様々あります。

☑ その中でも開発公園、区画整理で生み出された公園（以下「区画整理公園」）を合わせると数・面積とも5割以上になるので、この2手法が小規模公園整備の主たる手法であることが分かります。

☑ 箇所数では、開発公園が約4割と一番多く、区画整理公園（約2割）より多い。

☑ 合計面積では、逆転して区画整理公園が約4割、開発公園が約2割となる。

☑ 公園一カ所あたりの平均面積にすると、開発公園は868m²と1,000m²を下回っている。開発指導要綱公園（都市計画法で規定のない3,000m²未満のミニ開発で生まれた公園）もほぼ同規模で、1,000m²を下回っているのはこの2手法だけ。従って、このデータからは、この2手法から非常に小さい公園が多く生まれたことが分かります。

☑ 区画整理公園は、平均面積約2,628m²と2,500m²を超えており、小規模公園の中では比較的規模の大きな公園を生み出していることが分かります。

□ 小規模公園の整備手法別箇所数・面積（調査範囲：全国の政令指定都市）

| | | 開発公園 | 区画整理 | 住宅地造成事業法 | 新市街地開発法 | 開発指導要綱 | 戦災復興事業 | 用地寄付 | 用地買収 | 所管替え等 | その他 | 不明・未記入 | 合計 |
|---|---|---|---|---|---|---|---|---|---|---|---|---|---|
| 箇所数 | 公園数 | 6,343 | 3,375 | 530 | 88 | 552 | 576 | 493 | 2,334 | 983 | 795 | 280 | 16,350 |
| | 割合 | 38.8% | 20.6% | 3.2% | 0.5% | 3.4% | 3.5% | 3.0% | 14.3% | 6.0% | 4.9% | 1.7% | 100% |
| 合計面積 | 面積(m²) | 5,506,227 | 8,870,017 | 615,936 | 256,744 | 455,898 | 1,599,176 | 613,179 | 3,815,426 | 1,753,515 | 1,371,382 | 420,891 | 25,278,391 |
| | 割合 | 21.8% | 35.1% | 2.4% | 1.0% | 1.8% | 6.3% | 2.4% | 15.1% | 6.9% | 5.4% | 1.7% | 100% |
| 平均面積 | (m²) | 868 | 2,628 | 1,162 | 2,918 | 826 | 2,776 | 1,244 | 1,635 | 1,784 | 1,723 | 1,503 | 1,546 |

（出典：平成20年度（2008年度）「開発公園の機能変化と管理問題に関する実態把握と今後のあり方に関する検討調査」をもとに作成）
※この調査では、街区公園、幼児公園、広場公園を小規模公園と定義

# 第12話　小規模公園をうまく使いこなすには？

　前話で、小さい公園がたくさん生まれる背景をお話ししましたが、小さい公園が多いことは、それ自体は決して悪いことでありません。もちろん、行政の側からすると数が多い分、管理コストはかかるのですが、利用者の側からすると自宅の近くに公園がたくさんあった方が利用しやすいですし、環境面も良い影響があると思います。

　ただ、特に古い小規模公園を中心に、同じような公園ばかりある、と思ったことはないでしょうか？

　それには理由があり、平成5年（1993年）に施行令が改正されるまで、今の街区公園は「児童公園（もっぱら児童の利用に供することを目的とする都市公園）」という名称で、その公園種別についてのみ、以下のようにぶらんこ、すべり台、砂場などの施設内容まで詳細に規定されていたからです。

---

**【旧都市公園法施行令第7条】**
　児童公園には、公園施設として少なくとも児童の遊戯に適する広場、植栽、ぶらんこ、すべり台、砂場、ベンチ及び便所を設けるものとする。

（※平成5年（1993年）の施行令改正により削除された規定）

---

　これは、都市公園法制定当初、そもそも都市公園という概念の共通認識がなかった中において、児童公園の目的はもっぱら児童の利用に供することとなっており単一であること、利用方法もほぼ決まっていることなどから、公園施設の基準を設けることに意義があったためです。

　ただ、時代も変わり、高齢化の進展等により児童公園の利用者も、利用方法も多様になってきました。そこで、小さい公園でも地域の実情に応じて創意工夫できるよう、この施行令の規定は廃止され、名称も街区公園と改められ、児童に限らず、多様な利用を想定した都市公園として新たに位置づけ直されました[1]。

　このような経緯も踏まえつつ、新たに整備される小規模公園をどうコントロールするか、既存の小規模公園を現在のニーズに合わせてどう改修、再編していくかなど、小規模公園をうまく使いこなすための手法について解説します。

小規模公園対策について教えてください！

まず、小規模公園と言うのもちょっと漠然としていて分かりにくいので、小規模な公園のうち、**面積 0.1ha（1,000m²）未満の開発公園**をイメージして仮に「狭小公園」と呼ぼう。
狭小公園が生まれる背景はある程度理解できたと思うが、その対策としては以下の 4 つくらいが考えられる。
1. **狭小公園をつくらせない**
2. **狭小公園をもらわない**
3. **狭小公園を統廃合する**
4. **公園は廃止しないけど、施設や機能を統廃合する**

「つくらせない」なんてことできるんですか？
開発区域が 0.3ha（3,000m²）以上だったら 3 ％以上の公園等をつくらなければいけないって法律で書いてあるんですよね？
そもそも、こんな規定なくしちゃえばいいのに。

まぁ、制度自体はそんなに悪いものではない。
一方で、全国的に見ればある程度公園も整備されてきたことは確かだし、狭小公園の管理が結構負担だという地方公共団体の声に応える形で、国も制度改正を行ったんだ。
平成 28 年（2016 年）に都市計画法施行令が改正されて、この規定そのものは残しつつ、地域の実情に応じて条例でその最低面積 0.3ha（3,000m²）を 1.0ha（10,000m²）まで引き上げてもいいよ、となったんだ。

そうだったんですね。

もともと、地方公共団体は、一定の裁量の範囲内で、法律で定める開発許可の制限を条例で強化したり、緩和したりできることになっていたけど、その緩和項目の中に施行令第29条の2第2項第3号イが新たに追加されたんだ。

【都市計画法　抄】
（開発許可の基準）
第三十三条
（略）
3　地方公共団体は、その地方の自然的条件の特殊性又は公共施設の整備、建築物の建築その他の土地利用の現状及び将来の見通しを勘案し、前項の政令で定める技術的細目のみによつては環境の保全、災害の防止及び利便の増進を図ることが困難であると認められ、又は当該技術的細目によらなくとも環境の保全、災害の防止及び利便の増進上支障がないと認められる場合においては、政令で定める基準に従い、<u>条例で、当該技術的細目において定められた制限を強化し、又は緩和することができる。</u>

【都市計画法　施行令　抄】
第二十九条の二
2　法第三十三条第三項の政令で定める基準のうち<u>制限の緩和</u>に関するものは、次に掲げるものとする。
　三　第二十五条第六号の技術的細目に定められた制限の緩和は、次に掲げるところによるものであること。
　　イ　<u>開発区域の面積の最低限度について、一ヘクタールを超えない範囲で行うこと。</u>
　　ロ　地方公共団体が開発区域の周辺に相当規模の公園、緑地又は広場の設置を予定している場合に行うこと。

実際、条例を改正して最低面積を1ha（10,000m²）に引き上げているところもある。

【B市土地利用の調整に関する条例　抄】
（法第33条第3項の規定による技術的細目の緩和）
第22条の2　法第33条第3項の規定による都市計画法施行令（昭和44年政令第158号。以下「令」という。）第25条第6号に関する技術的細目において定められた公園、緑地又は広場の設置に係る制限の緩和は、令第29条の2第2項第3号イで定める基準により、<u>開発行為の開発区域の面積の最低限度を10,000平方メートルとする。</u>

そうすれば、1ha（10,000m²）未満の開発行為の場合は公園等をつくる義務がなくなって、狭小公園がつくられないってことですね。
でも、仮に1ha（10,000m²）の開発行為だとすると、その3％は0.03ha（300m²）……。これまでよりは改善されたけど、それでもまだ狭小公園が生まれる可能性はあるわけですね。

そうだね。それに、政令改正以前にも、開発公園の最低面積を0.015ha（150m²）とか0.03ha（300m²）とか、開発指導要綱などで独自に定めている地方公共団体もあったので、この改正で劇的に状況が変わるというわけではないかも。
つくらせないという視点でもう1つ大事なのは、**都市計画法施行令第25条第1項第6号**のただし書きだ。ここを根拠に、条例や開発許可の基準などの中で、狭小公園が増えすぎないように公園の設置免除の規定を設けているところも多い。

【都市計画法　施行令　抄】
（開発許可の基準を適用するについて必要な技術的細目）
第二十五条　法第三十三条第二項（法第三十五条の二第四項において準用する場合を含む。以下同じ。）に規定する技術的細目のうち、法第三十三条第一項第二号（法第三十五条の二第四項において準用する場合を含む。）に関するものは、次に掲げるものとする。
（略）
　六　開発区域の面積が〇・三ヘクタール以上五ヘクタール未満の開発行為にあつては、開発区域に、面積の合計が開発区域の面積の三パーセント以上の公園、緑地又は広場が設けられていること。ただし、開発区域の周辺に相当規模の公園、緑地又は広場が存する場合、予定建築物等の用途が住宅以外のものであり、かつ、その敷地が一である場合等開発区域の周辺の状況並びに予定建築物等の用途及び敷地の配置を勘案して特に必要がないと認められる場合は、この限りでない。

なるほど。例えば「開発区域の周辺に相当規模の公園、緑地又は広場」があれば開発公園を設置しなくてもいいよ、っていう規定があるんですね。
でも「開発区域の周辺」とか「相当規模」とか、ちょっと抽象的ですが？

例えば、C市では、既に土地区画整理事業などを施行した場所での二次開発の場合や、既に0.25ha（2,500m²）以上の公園が250m以内にある場合などは公園を整備しなくてよいという規定を条例に設けている。
条例で定めないまでも、同じような規定を置いているところも多い。

【C市開発事業の手続及び基準に関する条例　抄】
（公園の設置）
第33条
4　令第25条第6号ただし書に規定する開発区域の周辺に相当規模の公園
　が存する区域内で行う開発行為として公園の整備を要しないと認められ
　る場合は、規則に定める場合とする。

【C市開発事業の手続及び基準に関する条例施行規則　抄】
（公園）
第24条　条例第33条第4項の規則に定める場合は、次に掲げる場合とす
　る。
　(1)　土地区画整理法に基づく土地区画整理事業、新住宅市街地開発法
　　に基づく新住宅市街地開発事業、法第29条第1項の規定による許可
　　を受けた事業等により、公園が既に適正に確保された土地において二
　　次的な開発を行うものであり、かつ、当該事業の土地利用に関する計
　　画が住宅に係るものである場合
　(2)　開発事業区域の全部又は一部の区域が、2,500平方メートル以上
　　の面積（略）を有し、都市公園法施行令（略）第2条第1項第1号か
　　ら第3号までに規定する都市公園（略）から250メートルの範囲内の
　　区域（以下「公園誘致圏」という。）に含まれる場合（略）であって、
　　開発事業区域から当該公園の出入口に至る経路の全部が公園誘致圏に
　　含まれるとき（略）。
　(3)　開発事業区域内にある建築基準法第59条の2第1項の規定による
　　許可に係る空地又は法第8条第1項第4号の特定街区に関する都市計
　　画において定められた空地が、公園と同等の規模及び機能を有してお
　　り、引き続き空地としての管理がなされることが確実な開発事業であ
　　る場合

そうやって具体的な基準をつくって、既にある程度公園があるところ
に更に狭小公園をつくらせないように工夫しているんですね。

例えば、図1のイメージ[2]で説明すると、左図の白地の部分は公
園がない地域なので、こういうところに新たに公園をつくってくれ
るのは歓迎なわけだ。
ただ、右図のように狭小公園だらけのところにこれ以上つくっても
しょうがない。周辺地域の公園の整備状況に応じて開発公園の要・
不要を決めているんだ。

昔はそういう規定がなかったから右図みたいな狭小公園密集地帯が
できちゃったんですね。つくらせないっていうのは大事ですね。

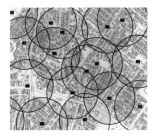

図1　身近な公園が不足する地域のイメージ（左）と公園が密集している地域のイメージ（右）

その通り。
それじゃ、次は「2．もらわない」だ。開発公園を開発事業者がつくっても、それを行政がもらわなければ管理費を圧迫することもない。

それはそうですが、そんなことできるんですか？

もちろん、都市計画法第40条第2項に定められているとおり、公園としてつくった場所は、公共施設の管理者たる地方公共団体に帰属させることが原則だ。

---

【都市計画法　抄】
（公共施設の用に供する土地の帰属）
第四十条　開発許可を受けた開発行為又は開発行為に関する工事により、従前の公共施設に代えて新たな公共施設が設置されることとなる場合においては、従前の公共施設の用に供していた土地で国又は地方公共団体が所有するものは、第三十六条第三項の公告の日の翌日において当該開発許可を受けた者に帰属するものとし、これに代わるものとして設置された新たな公共施設の用に供する土地は、その日においてそれぞれ国又は当該地方公共団体に帰属するものとする。
2　<u>開発許可を受けた開発行為又は開発行為に関する工事により設置された公共施設の用に供する土地</u>は、前項に規定するもの及び開発許可を受けた者が自ら管理するものを除き、第三十六条第三項の公告の日の翌日において、<u>前条の規定により当該公共施設を管理すべき者</u>（その者が地方自治法第二条第九項第一号に規定する第一号法定受託事務（以下単に「第一号法定受託事務」という。）として当該公共施設を管理する地方公共団体であるときは、国）<u>に帰属するものとする。</u>

でも、「原則」っていうことは例外もあるんですね。
「開発許可を受けた者が自ら管理」する場合は行政に移管しなくてもいいっていうことは、開発事業者に自分で公園を管理してもらえばいいわけですね。

その通り。
ただ、開発事業者が自分で管理したいって言うならともかく、行政の方から「自ら管理」を条件として公園を帰属させないようにすることは、開発者側に過度な負担とならないよう、慎重な判断が必要だ。
ちなみに、C市では、0.3ha（3,000m²）以上の集合住宅の開発行為で、面積が0.05ha（500m²）未満となる公園、5ha（50,000m²）以上の規模の住宅以外の建設を行う開発行為で設ける公園は、市へ帰属させない自主管理の「緑地広場」とすることを開発事業に関する技術基準で定めている。

【C市開発事業に関する技術基準　抄】
（緑地広場）
第36条　集合住宅の建設を目的とした開発事業において、都市計画法施行令（略）第25条第6号に基づき算出される公園の面積が500平方メートル未満となるものについては、設けるべき公園を、当該建築敷地内における緑地広場の整備に代えるものとする。また、規則第24条第3号を適用する場合については、公開空地を緑地広場として扱うものとする。
2　前項により整備された緑地広場は、周辺住民の利用も想定し、公園に準ずる構造とする。
3　5ヘクタール以上の規模の住宅以外の建設を目的とする開発事業において、令第25条第7号に基づき設ける公園、緑地又は広場については、当該建築敷地内における緑地広場に代えるものとする。
4　前項により整備された緑地広場は、公園、緑地又は広場に準ずる構造とする
5　第1項及び第3項で整備される緑地広場は市への帰属を伴わない自主管理施設とし、緑地広場を設ける場合は、開発事業者は市と協議し、維持管理について定めた協定を結ぶものとする。

つまり、マンションをつくるときの開発行為では、0.05ha（500m²）以上の公園しか行政は受け取らないよ、それ未満の公園は「緑地広場」として自分たちで管理してね、っていうことですね。

類似の規定は他都市でもいくつか例はあるみたいだ。状況はどこも同じようなものなんだろう。

足りないところにつくってくれるように、小さくなりすぎないように明確な基準をつくってうまくコントロールしていくことが大事なんですね。

以上が、これから生まれる狭小公園をどう抑制するか、という主に都市計画に関係する話だ。
次は、既にある狭小公園をどうするかという対策だ。
まず「3. 公園を統廃合する」、つまり、今ある狭小公園を廃止又は統合して公園数や管理面積そのものを減らそう、というやり方から説明しよう。

でも、以前も聞きましたが、都市公園を廃止するってなかなか難しいんじゃないですか？（第 10 話参照）

そうだね。1 つの公園を廃止するかわりに 1 つの公園をもっと良くします、という統合ならまだしも、単に公園を廃止します、というのはなかなか難しいのが現状だが、各地方で色々と工夫しながら進めている。
例えば、神奈川県二宮町では「二宮町公園統廃合に関する基本方針」[3) を平成 28 年（2016 年）に策定していて、その中で「総面積の 2 割程度の縮減」という数値目標を掲げて公園を計画的に減らしていくとしている。

えっ!?　公園面積を 2 割減らす!?
大胆ですね!!

この方針の中では、都市公園、児童福祉法を根拠とする「児童遊園地」、法的な根拠は特にない「子どもの広場」をあわせて公園と呼んでいる。
**実際に面積を減らすのは児童遊園地と子どもの広場で、都市公園を廃止するわけではないけどね。**

なんだ。そういうことですか。
でも、それでもすごいですね。都市公園のように廃止を制限する規定はないにせよ、児童遊園地とかだって、利用者からすれば根拠法なんて関係なくて、同じ公園ですよね。どうやって減らすんですか？

二宮町では、まず検討にあたって、町民に対し、町管理の 73 公園中 69 公園毎に、その公園を廃止していいかなどを聞くアンケートをとったんだ。
その調査結果では、ふだん利用していないから、という理由などで、結構な数の公園で廃止しても構わない、という意見が廃止反対を上回ったようだ[4]。

住民もいらないと言っているなら、そういう公園は廃止して売り払ったりするんでしょうか？

売り払うのではなく、いくつかの児童遊園地は廃止して児童館と一体で地元に管理してもらうように協議するとしていたり、ゲートボール場とかゴミ置き場とかにするといった計画のようだ[5]。
もちろん、公園を廃止するだけじゃなくて、あわせて利用者が多い公園に施設や管理を重点化するみたい。こういうメリハリが大事だね。

なるほど。
勉強になります。

次は都市公園の統廃合の事例だ。
北九州市では、2 つの狭小公園を廃止して新たに 1 つの公園をつくるという統廃合を行った。

## 吉志ゆめ公園

上吉志公園（261m²）

2 公園廃止

新設：吉志ゆめ公園（2,000m²）

吉志西公園（1,000m²）

| 所在地 | 福岡県北九州市 |
|---|---|
| 公園管理者 | 北九州市 |
| 種別 | 街区公園 |
| 供用開始年 | 平成 25 年（2013 年） |
| 供用面積 | 約 0.2ha（平成 30 年度（2018 年度）末） |
| 特徴等 | 北九州市では、広場が小さく、段差があるなどにより利用が限られる小規模公園が存在。住民の声を受け、遊休市有地（団地跡地）を活用した小規模公園の集約・再編により、公園利用者のニーズに合った「吉志ゆめ公園」を設置。（2公園廃止→1公園新設）子どもから高齢者まで利用できる公園に生まれ変わり、利用者からも満足の声。 |

（出典：国土交通省「都市公園のストック効果事例集」）

単に公園を廃止するというネガティブなことだけじゃなく、他の公園の新設・充実というポジティブなこととセットでやることで、地域の理解を得やすいようにやっているんですね。

そうだね。
最後は「4．施設や機能を統廃合する」だ。公園そのものを廃止するわけではないけど、公園の中の施設数を減らして管理費を縮減しようという対策だ。
公園の廃止はなかなか条件が整わないと難しいので、現実的にはこちらの対策の方が進めやすい。

施設数を減らすって、具体的にはどういうことですか？

いくつか例を使って説明しよう。

札幌市では、核となる公園に施設や機能を集中させる代わりに、周りの小さい公園の遊具などを撤去して、施設を総量として絞り込む取組を進めている。

平成20年度（2008年度）から26年度（2014年度）までに40公園で再整備を実施した結果、遊具数が整備前の134基から65基へと半減して、単年度当たりの維持管理コストも約600万円から約290万円に半減したそうだよ。

## 北の沢山の子公園、藻岩ころころ公園

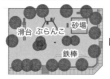

北の沢山の子公園（4,398m²）は、地域の中心的な公園と捉え、遊具などレクリエーション機能主体の公園に再整備。

藻岩ころころ公園（338m²）は、遊具などを撤去し、休憩施設に機能を絞って再整備。

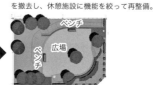

| 所在地 | 北海道札幌市 |
|---|---|
| 公園管理者 | 札幌市 |
| 種別 | 街区公園（北の沢山の子公園、藻岩ころころ公園） |
| 供用開始年 | 北の沢山の子公園：昭和53年（1978年）<br>藻岩ころころ公園：昭和58年（1983年） |
| 供用面積 | 北の沢山の子公園：約0.4ha（平成30年度（2018年度）末）<br>藻岩ころころ公園：約0.03ha（平成30年度（2018年度）末） |
| 特徴等 | 札幌市では、平成20年度（2008年度）から機能分担の考えによる公園再整備を実施し、平成26年度（2014年度）までに40の狭小公園（1,000m²未満）において再整備を実施。同一誘致圏内にある複数の公園において機能を分担することにより、様々なニーズに対応するとともに、施設総量の削減による維持管理コスト縮減を可能に。（40公園で再整備を実施した結果、遊具数が整備前の134基から65基へと半減し、単年度当たりの維持管理コストも約600万円から約290万円に半減） |
| 工夫内容等 | 【機能特化対象公園】<br>対象公園の誘致圏（半径250m）が、他公園の誘致圏でほぼ全て覆われることが条件。<br>【市民意見の反映】<br>計画段階で説明会等を開催。地元住民の意見を反映するほか、機能分担の考えについて了承をいただいたうえで実施している。このため、狭小公園であっても地域ニーズが高ければ、遊具を残すケースもある。 |

（出典：国土交通省「都市公園のストック効果事例集」）

おお！
維持管理コストが半分になるなんて、すごい効果ですね。

そうだね。
次は東京都武蔵野市の例だ。武蔵野市では、市内の公園の機能分担を検討する単位として「公園区」を設定して、その公園区単位で公園の機能を分担・特化する取組をやっている。
個々の公園で機能を完結させるのではなく、遊具を残す「広場＋遊び型」、遊具は撤去してベンチ等を主体にする「休息型」などに類型化して、公園区内の公園全体として役割分担しよう、という考え方で再整備しているよ。

## 扶桑通り公園、さわやか公園

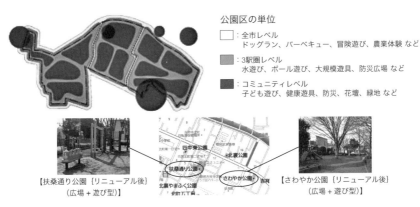

公園区の単位

□：全市レベル
　　ドッグラン、バーベキュー、冒険遊び、農業体験 など

■：3駅圏レベル
　　水遊び、ボール遊び、大規模遊具、防災広場 など

■：コミュニティレベル
　　子ども遊び、健康遊具、防災、花壇、緑地 など

【扶桑通り公園［リニューアル後］（広場＋遊び型）】　　【さわやか公園［リニューアル後］（広場＋遊び型）】

| 所在地 | 東京都武蔵野市 |
|---|---|
| 公園管理者 | 武蔵野市 |
| 種別 | 街区公園（扶桑通り公園、さわやか公園） |
| 供用開始年 | 扶桑通り公園：昭和51年（1976年）<br>さわやか公園：昭和64年（1989年） |
| 供用面積 | 扶桑通り公園：約0.2ha（平成30年度（2018年度）末）<br>さわやか公園：約0.08ha（平成30年度（2018年度）末） |
| 特徴等 | 武蔵野市では公園の機能分担を図る「公園区」を設定。公園区内のバランスを考慮して小規模公園の機能を分担・特化させることで小規模公園を有効活用し、魅力を向上。公園区ごとの地域特性や公園の利用実態等を踏まえた評価をもとに、地域や利用者を交えた整備計画を検討することで、小規模でも地域に適した機能を有する魅力的な公園が実現。 |
| 工夫内容等 | 【公園リニューアル計画の策定】<br>利用実態、施設・地域性、活用ポテンシャルの3分野20項目を評価する公園緑地カルテを作成し、整備対象を選定。それをもとに、公園区の中で、緑、健康遊具、広場等の機能分担を図る計画を策定。 |

（出典：国土交通省「都市公園のストック効果事例集」）

1つの公園ですべての機能を担うんじゃなく、一定の地区内の公園の中で機能の分担を考えましょう、というやり方ですね。

最後は北九州市の「地域に役立つ公園づくり事業」だ。
これは、小学校区単位で、複数の老朽化した公園の再整備計画案を地域住民とのワークショップでまとめて、その計画に基づいて公園の再整備を行うという事業だ。
行政主導の再編計画ではなく、自治会などからの応募という地域発意で出発し、住民のニーズを反映した再整備内容について、合意を得ながら整理できるところがポイントだ。

## 中畑公園、山路一丁目公園

中畑公園

ワークショップの実施

多世代が集い交流する
公園へ再整備
・幼児用遊具
・健康器具
・スロープ
・休憩舎、花壇 など

高齢者が運動できる
広場へ再整備

山路一丁目公園

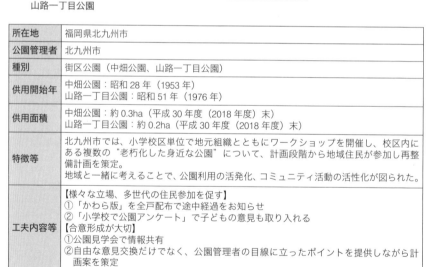

| 所在地 | 福岡県北九州市 |
|---|---|
| 公園管理者 | 北九州市 |
| 種別 | 街区公園（中畑公園、山路一丁目公園） |
| 供用開始年 | 中畑公園：昭和28年（1953年）<br>山路一丁目公園：昭和51年（1976年） |
| 供用面積 | 中畑公園：約0.3ha（平成30年度（2018年度）末）<br>山路一丁目公園：約0.2ha（平成30年度（2018年度）末） |
| 特徴等 | 北九州市では、小学校区単位で地元組織とともにワークショップを開催し、校区内にある複数の"老朽化した身近な公園"について、計画段階から地域住民が参加し再整備計画を策定。<br>地域と一緒に考えることで、公園利用の活発化、コミュニティ活動の活性化が図られた。 |
| 工夫内容等 | 【様々な立場、多世代の住民参加を促す】<br>①「かわら版」を全戸配布で途中経過をお知らせ<br>②「小学校で公園アンケート」で子どもの意見も取り入れる<br>【合意形成が大切】<br>①公園見学会で情報共有<br>②自由な意見交換だけでなく、公園管理者の目線に立ったポイントを提供しながら計画案を策定 |

（出典：国土交通省「都市公園のストック効果事例集」）

計画づくりまでに手間暇かかりますが、これなら住民の要望を公園の再整備にスムーズに反映できますね。

これまでに挙げた事例は比較的早くからやっていた例で、今では多くの地方公共団体で同じような取組が行われているみたいだよ。

よし、それじゃ、私たちの市も
どんどん統廃合を進めていきましょう！

まぁ、機能を統廃合するのだってそんなに簡単にはいかないけどね。再整備するのにも当然お金はかかるし、地域の合意形成だって必要だ。それに他にも注意しなければいけないことがある。

注意しなければいけないこと？

図2は全国の都市公園の遊具の設置数の推移なんだけど、平成28年度（2016年度）に調査開始以来初めて遊具の数が減少したんだ。都市公園の数は現在まで一貫して増えているにもかかわらず、統計上遊具の数が3年で2万基以上も減少したということは、実際にはもっと多くの数の遊具が撤去されているということだ。

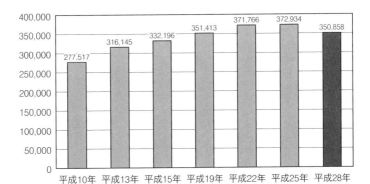

図2　全国の都市公園の遊具等の設置基数の推移 6)

別にそれはいいことなんじゃないですか？　さっき教えていただいた機能の統廃合などで、施設の総量管理をしていこうとしている地方公共団体が増えている証拠ですよ。

前向きに捉えればそうだ。
ただ、遊具の数が減っていることは、否定的に捉えられる可能性もある。「事故があると困るから遊具を撤去しているんじゃないか」「維持管理費を縮減するために何もない公園ばかり増やしているんじゃないか」ってね。

でも、実際問題お金もないし、少子化で子どもも少なくなっているんだから、遊具を置く公園を絞り込んでいく事情は、話せば分かってくれると思いますが。

そうだね。そのためにも、場当たり的にやっているんじゃなくて、市の財政や社会情勢の変化を考えてこれからもちゃんと公園を経営していくためにやっているんです、と言える根拠となる方針や計画が必要だ。
平成29年（2017年）の法改正の時に、都市緑地法も改正されて、緑の基本計画[7]の記載事項に**「都市公園の管理の方針」**が追加された。これは、都市公園の整備だけじゃなく、管理もちゃんと方針、計画を整理して計画的に進めてほしいという問題意識があってのことだ。

【都市緑地法　抄】
第四条　市町村は、都市における緑地の適正な保全及び緑化の推進に関する措置で主として都市計画区域内において講じられるものを総合的かつ計画的に実施するため、当該市町村の緑地の保全及び緑化の推進に関する基本計画（以下「基本計画」という。）を定めることができる。
2　基本計画においては、おおむね次に掲げる事項を定めるものとする。
　一　緑地の保全及び緑化の目標
　二　緑地の保全及び緑化の推進のための施策に関する事項
　三　地方公共団体の設置に係る都市公園（都市公園法第二条第一項に規定する都市公園をいう。第五項において同じ。）の整備及び管理の方針その他緑地の保全及び緑化の推進の方針に関する事項
（以下略）

そういうことだったんですね。

今まで紹介した事例も方針とか計画をつくって進めている。僕たちも、社会状況や地域のニーズの変化に応じて、計画的に都市公園を管理、運営していかないとね。

分かりました！

注・出典
1）公園緑地行政研究会（1993）『改正都市公園制度 Q & A』ぎょうせい、pp.83-84
2）地理院地図 Vector の画像を下図にイメージ図を作成
3）二宮町（2016）「二宮町公園統廃合に関する基本方針」
〈http://www.town.ninomiya.kanagawa.jp/ikkrwebBrowse/material/files/group/16/houshin.pdf〉
4）二宮町公園統廃合計画策定に伴う町民意向調査集計結果
〈http://www.town.ninomiya.kanagawa.jp/soshiki/toshi/toshiseibi/koenryokuchi/r08/1477376258816.html〉
5）二宮町（2018）「二宮町公園統廃合計画」
〈http://www.town.ninomiya.kanagawa.jp/soshiki/toshi/toshiseibi/koenryokuchi/r08/1477376258816.html〉
6）都市公園における遊具等の安全管理に関する調査（国土交通省）をもとに作成
〈http://www.mlit.go.jp/toshi/park/toshi_parkgreen_tk_000039.html〉
7）市町村が、都市緑地法第 4 条に基づき、緑地の保全や緑化の推進に関して、その将来像、目標、施策などを定める基本計画のこと

# 第13話　公園をマネジメントするためには？

近年、公園をマネジメントする、パークマネジメントといった言葉が一般的に使われるようになってきています。

いわゆる経営的な手法、考え方を都市公園の整備、管理運営にも取り入れる動きが広がっている背景としては、1990年代のバブル崩壊以降、都市公園事業の予算をはじめ公共事業関係経費が大きく減少し、より効率的・効果的な整備・管理が必要となったことに端を発していると考えられます。

PFI事業や指定管理者制度といった公民連携手法の拡充も進み、徐々に公共は民間のセンス、民間は公共のセンスが必要となってくる中、都市公園も一定程度整備され、量より質を議論することが増えてきました。

量の水準は箇所数や面積などにより定量的に計ることができますが、質の水準を定量化することは困難です。そのため、それぞれの公園の特性等に応じて目標を定め、様々な手法によりその実現を目指す取組が必要となり、それがマネジメントという言葉に集約されているようです。

もちろん、市民のために効率的・効果的に都市公園を活かすという考え方自体は従来よりありましたから、全く新しい概念というより、その手法や考え方をより強調するための言葉なのかもしれません。

## □法律改正の背景：社会情勢の変化と公園緑地行政の変遷 [1)]

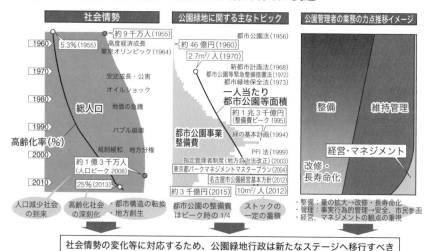

パークマネジメントとか、公園をマネジメントするっていう言葉を よく聞くのですが、それってどういう意味ですか？

マネジメントという言葉は、経営、管理、経営の方法、経営学、統御、操縦などいろいろな意味で用いられている言葉で、なかなか一言で言い表すのは難しい。
パークマネジメントも同じように色々な文脈で使われる言葉だけど、例えば、いち早くその言葉を使っていた東京都の「パークマネジメントマスタープラン」[2] では、以下のように定義しているよ。

【「パークマネジメントマスタープラン（平成 27 年（2015 年）3 月）」 抄】
「パークマネジメント」とは……
　パークマネジメントとは、東京が目指す公園づくりの基本理念と目標を達成するため、従来の行政主導の事業手法から転換し、都民・NPO・企業と連携しながら都民の視点にたって整備、管理していくものであり、誰からもわかりやすい目標設定、多角的な視点による事業展開、結果の評価による継続的な改善を行っていくことです。

従来の行政主導の事業手法から転換して、利用者目線にたって整備、管理していくっていうことですか。そのために分かりやすい目標を設定して、その目標達成のために色々な事業を展開して、その結果を評価して改善していくという一連の流れってことですね。

そうだね。東京都は平成 16 年（2004 年）に最初のパークマネジメントプランを策定していて、今の計画はその改定版だからかなり先駆的に取り組んでいる。
他にも、マネジメントという言葉は使っていないけど、名古屋市の「公園経営基本方針」も参考になるよ。

【「名古屋市公園経営基本方針（平成 24 年（2012 年）6 月）」 抄】
「名古屋市の公園経営」とは……
　従来の行政主導による維持管理中心の公園管理から脱却し、利用者志向、規制緩和等による市民・事業者の参画の拡大、多様な資金調達とサービスへの還元、経営改善手法の導入など、公園の利活用重視の発想により公園の経営資源を最大限に活用していく新たな管理運営の考え方です。
　名古屋市においては、市民ニーズを考慮した公園経営を第一とし、公園を「市民の資産」としてとらえ、多くの人々の関わりの中で、市民全体が公園経営の成果を享受できるように「管理する資産」から「経営する資産」へと公園の管理運営のあり方を大きく変革していくものです。

公園を「市民の資産」と捉えて、「管理する資産」から「経営する資産」へと管理運営のあり方を大きく変革するって、すごく前向きな表現ですね。
どちらの例も問題意識としては、公園の管理を「維持管理」とやや消極的に捉えていたことの反省にたって、公園を市民のために役立てることまで考えてこそ公園の管理だ、という視点で捉え直しているところが共通していますね。

そうだね。背景としては、市民のニーズの多様化に応じて公園に求められるニーズも多様になっているのに、それに十分対応できていない、という危機感があったんだろう。
ただ、何でもかんでも規制緩和していく、予算を投入していく、というわけにもいかないから、活用する公園とそうじゃない公園のメリハリや、限りある予算をどこに重点的に投資するか、公共以外の予算もうまく活用できないか、など経営的な観点をもとに計画を整理していく必要があったんだろうね。

確かにメリハリが大事ですよね。
でも、計画を整理していくのって結構大変そうですよね。具体的にはどうやっていけば良いんですか？

まずは、市町村の緑のマスタープランである緑の基本計画に盛り込むことが考えられる。
「あり方検討会」の報告書では、緑の基本計画が、どちらかというと整備計画、事業計画の色彩が濃いので、もっとマネジメントや管理、利活用といった観点を盛り込むべきだ、と指摘していた。

【「新たなステージに向けた緑とオープンスペース政策の展開について」 抄】
Ⅰ. 緑とオープンスペースによる都市のリノベーションの推進
（１）緑の基本計画等による戦略的な都市再構築の推進
（略）
　　③緑とオープンスペースのマネジメントの方針や目標の明確化
　　　緑とオープンスペースが一定程度確保されてきたステージにおいては、緑の基本計画は、緑とオープンスペースの整備計画、事業計画としてだけでなく、ストック効果向上に向けた戦略的なマネジメント計画や、個々の都市公園をその特性に応じて使いこなすための総合的な管理運営計画としても機能していくことが重要である。
　　　このため、緑の基本計画等において、それぞれの都市や地域の特性等に応じた緑とオープンスペースを活かすためのマネジメントの方針、目標等を明確化することで、整備から管理、利活用まで一貫した計画に基づくより総合的、戦略的な緑とオープンスペースの確保・活用を推進することが必要である。

なるほど。それが前話で紹介いただいた「緑の基本計画に都市公園の管理の方針を追加する」という平成29年（2017年）の都市緑地法の改正につながるんですね。

そうだね。法律上は「管理」という言葉が追加されただけだが、そこに込められた意味はすごく幅広い。
都市緑地法運用指針3) を見ると、例えば、前回紹介した**都市公園の統廃合や機能再編の方針**のほか、**マネジメント計画の策定、公民連携、多様な主体との協働、公園施設の点検等の方針**といった様々な方針を緑の基本計画の中で整理してほしい、という意図があるようだ。

【都市緑地法運用指針　抄】
4 緑地の保全及び緑化の推進に関する基本計画（緑の基本計画）
　（4）基本計画の内容
　（略）
　「都市公園の管理の方針」については、都市公園の特性に応じた管理の方針や公園施設の老朽化対策の方針等を記載することが考えられる。具体的には、エコロジカルネットワークの向上に資する管理を行う旨や、主要な都市公園についてマネジメント計画を策定し、当該計画に基づく管理を行う旨のほか、住民やNPO法人等との協働による都市公園の管理方針について記載することも考えられる。公園施設の老朽化対策については、例えば、遊具等の公園施設の点検方針や、長寿命化計画に基づいて公園施設の計画的な補修や改修を行う旨を記載することが考えられる。また、民間活力により都市公園の質の向上と公園利用者の利便の向上を図る観点から、「都市公園の整備及び管理の方針」において、公園施設の公募設置管理制度やPFI制度、公園の活性化に関する協議会制度の活用の方針等、都市公園における官民連携の方針についても定めることが望ましい。さらに、人口減少に対応したコンパクトなまちづくりの推進等の観点から都市公園の統廃合や機能再編を検討するに当たっては、市区町村区域全体の都市公園や緑地の配置を踏まえて実施することが有効であることから、当該検討方針を記載することが望ましい。

単なる管理っていう言葉に収まりきらないくらい、本当に色々な意味が込められているんですね。公園をつくった後のことが大事な時代になってきたということでしょうか。
でも、管理面も踏まえた計画にする、っていう意図はよく分かるのですが、緑の基本計画って市全体の計画だからあまり個別具体に書けないですよね。

そうだね。緑の基本計画に細かく書くことは難しいから、現実には、緑の基本計画には大まかな方針を記載して、具体の計画は別途作成することが望ましいんだろうね。
そのことも「あり方検討会」の報告書に記載されていて、「**都市域全体の都市公園のマネジメント計画**」を作成した上で更に「**個別公園毎のマネジメント計画**」をつくっていくことを想定しているようだ。
計画をつくることで、市がどの方向を目指していて、市民や民間事業者に何を求めているか意思表示することができるんだ。

【「新たなステージに向けた緑とオープンスペース政策の展開について」 抄】
　(1) 都市経営の視点からの都市公園マネジメントの推進
　(略)
　　　このため、このような取組を促進し、地方公共団体の実情に応じて以下のような計画の策定を促進することで、都市公園の維持管理から、都市全体の経営の視点からの都市公園のマネジメントへと意識を変えていくことが必要である。
　①都市域全体の都市公園のマネジメント計画
　　都市域全体の都市公園の特性等を分析・評価した上で、特性に応じた都市公園の方向性、目標、評価の考え方等を位置づける。
　②個別公園毎のマネジメント計画
　　①に基づき、都市公園を地域の中でいかに位置づけて運営するか、活用するかというルールを地域住民や関係団体等と連携して整理し、都市公園を地域に応じて使いこなすためのより具体的な内容を位置づける。

でも、大都市ならともかく、私たちのような小さい市でそんなにきめ細かい計画をつくれるんでしょうか。「都市域全体の都市公園の特性等を分析・評価」って結構大変なような……。

そうだね、例えば、名古屋市ではカルテをつくって公園ごとに現況を評価した上で、公園のポテンシャルをどの方向に伸ばすか、そのためにどのような手法で取組むかを順次整理して公表している（図1）。いきなりすべての公園なんて無理なんだから、こういった例を参考にしながら、まずは着手できるところから始めるのもいいかもしれない。

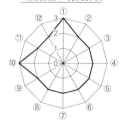

公園経営の現況評価

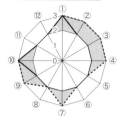

公園経営の目標設定

| 評価基準 | |
|---|---|
| 評価0 | — |
| 評価1 | 部分的に不足している |
| 評価2 | 標準的なレベルに達している |
| 評価3 | 積極的に取り組んでいる、高い評価を得ている |

①美しい景観・歴史・文化の活用
②にぎわいの創造
③公園の魅力情報の発信
④公園利用サービスの魅力アップ

⑤地域の公園の利活用の促進
⑥公園経営を担う市民・事業者の人材育成
⑦自然の恵みを楽しむ機会の拡大
⑧災害対応力の向上

⑨公園のマネジメント
⑩入口の入りやすさ
⑪施設の安全・安心
⑫水まわりの清潔さ

図1　名城公園の現況評価と目標設定の例 [4]

まずはできるところから始めていくことが大事ですね。
マネジメントとか、経営とかって言われると、公園で稼ぐとか、ストックマネジメントとかのイメージがあって、何となく敷居が高いように感じてしまって……。

マネジメントとか経営といった言葉が大げさであれば別に使わなくてもいい。例えば、公民連携や市民との協働といった手段の面ばかり注目されがちだけど、それよりも大事なのは、まずは自分たちが自分たちの市の公園を、問題意識を持って見つめ直すという作業なんだと思うよ。

目的はあくまで、いかに限りある資源を効果的に投入して、個々の都市公園の資産価値を高めていくか、ということですよね。
私たちの市にも磨けば光る公園がたくさんあるはずですから、まずはその公園を発掘して、どの方向に、どういう手法で磨いていくか、考えてみます！

注・出典
1) 国土交通省「都市公園法改正のポイント」〈https://www.mlit.go.jp/common/001248733.pdf〉
2) 東京都建設局（2015）「パークマネジメントマスタープラン　～「世界一の都市・東京」の公園を創るパークマネジメント～」
3) 国土交通省都市局（2004）「都市緑地法運用指針　平成30年（2018年）4月1日改正」
4) 名古屋市（2015）「名城公園（北園）管理運営方針」

# COLUMN　パークマネジメント計画の事例

　平成 29 年（2017 年）の法改正などを契機に、パークマネジメント計画の策定・実行に取組む地方公共団体も増えてきました。計画の中身も様々ですが、例えば本文中で紹介した名古屋市は①緑の基本計画で頭出し→②基本方針→③ 10 年間の事業計画→④個別公園の計画と丁寧な階層で整理しています。

　大都市以外でも、例えば、福岡県久留米市（人口約 30 万人の都市）では、平成 30 年（2018 年）に緑の基本計画を改定するとともに、計画で定めた施策を実現するための指針として「久留米市都市公園整備・運営ガイドライン」を平成 31 年（2019 年）に策定し、個別公園のマネジメントに取り組んでいます。

## □名古屋市の計画の例

**なごや緑の基本計画 2020（平成 23 年（2011 年）策定）**
「これまで整備、維持管理に務めてきた都市公園を資産としてとらえ、顧客志向や経営的手法を取り入れた公園経営のあり方を整理し、市民サービスの更なる向上や地域の活性化に役立つように、都市公園の利活用の推進を図ります。」

**名古屋市公園経営基本方針（平成 24 年（2012 年）策定）**
都市公園の利活用の推進を図るための公園経営の基本的な方向性

**名古屋市公園経営事業展開プラン（平成 25 年（2013 年）策定）**
・基本方針に基づく取組を効果的に進めるための10年間の事業計画
・市内の公園を特性に応じて体系化。優先的に取り組む公園から、順次公園カルテ、マネジメントプランを作成し、事業展開を図る

**個別公園毎のパークマネジメントプラン策定・公表**

## □久留米市の計画の例

久留米市緑の基本計画 2018（平成 30 年（2018 年）策定） → 久留米市都市公園 整備・運営ガイドライン（平成 31 年（2019 年）策定） → 個別公園毎のパークマネジメント

# 第4章

# 公民連携で都市公園を
# 活用してゆくための手法

　都市公園における公民連携の手法は様々です。

　法第5条の設置管理許可制度は、以前より公民連携の手法として活用されていましたが、平成29年（2017年）の法改正により公募設置管理制度（Park-PFI）が創設され、より一層公民連携の推進ツールとして充実しました。

　また、公民連携の手法は都市公園法の枠内だけにとどまりません。PFI法に基づくPFI事業や地方自治法に基づく指定管理者制度などの活用も進んでいるほか、都市再生特別措置法にもまちづくりとの連携の観点から都市公園の占用の特例が設けられています。

　このように、都市公園の公民連携手法やまちづくりとの連携手段は充実してきていますが、これらのツールを使いこなすためには、それぞれの特徴を理解し、適切に運用することが必要です。

　このため、本章では、主要な公民連携制度の概要や活用事例の紹介等を通じて、都市公園を公民連携で活用していくための手法について解説します。

# 第 14 話　まちに役立つ都市公園になるためには？

近年、まちづくりの分野においても、エリアマネジメント[1] などの民間主体のまちづくりが進んでおり、これらの取組と連携した都市公園の活性化も進みつつあります。

都市公園を使いこなすためには都市公園の外の世界との連携が不可欠ですが、どのように、どこまで周辺のまちづくりと連携していくか、距離の取り方が難しいテーマでもあります。

## ❑エリアマネジメントとの連携による都市公園の活性化事例

### 新宿中央公園

| 所在地 | 東京都新宿区 |
|---|---|
| 公園管理者 | 新宿区 |
| 種別 | 風致公園 |
| 供用開始年 | 昭和 43 年（1968 年） |
| 供用面積 | 約 9ha（平成 30 年度（2018 年度）末） |
| 特徴等 | 超高層ビルが立ち並ぶ西新宿地区の再生を民間組織で行うことを目的として設立したエリアマネジメント組織と連携し、スポーツや飲食のイベント等を実施することで、地区のにぎわい創出に寄与。<br>イベントによる収益は指定管理者が公園の維持管理費に充当して還元。 |
| 工夫内容等 | 【地域企業等の連携】<br>各企業・団体が地域の再生を行うために設立したエリアマネジメント組織である「新宿副都心エリア環境改善委員会」と連携し、共同販促、宣伝を実施（水と緑のEvening Bar!!! など）。<br>【各種制度の活用】<br>公園のほか、国家戦略特区による、道路や公開空地を活用したにぎわい空間の創出（路上でのオープンカフェ、マルシェ等）を進めている。 |

（出典：国土交通省「都市公園のストック効果事例集」）

まちにとっても、公園にとっても Win-Win になる関係をどう構築していくか、現状の制度や取組を中心に解説します。

## 高松市立中央公園

| 所在地 | 香川県高松市 |
|---|---|
| 公園管理者 | 高松市 |
| 種別 | 地区公園 |
| 供用開始年 | 昭和 61 年（1986 年） |
| 供用面積 | 約 4ha（平成 30 年度（2018 年度）末） |
| 特徴等 | 市役所に隣接した高松の中心市街地に立地する中央公園の野球場移転に伴う再整備にあたって、周辺事業者の CSR 活動はもとより、地元商店会を中心としたエリアマネジメント組織が、市民参加によって広場を芝生化する「中央公園芝生化大作戦」を実施。<br>高松を代表する高松まつり、冬のまつり、フラワーフェスティバル、交通安全フェア、オクトーバーフェストなど官民を問わず数多くのイベントが開催される空間として生まれ変わり、中心市街地の賑わいを創出。 |
| 工夫内容等 | 【市民協働による芝生化】<br>野球場移転後の公園の改修にあわせ、公園の中心に自由広場を整備。エリマネ組織が市民協働による芝生化を企画、実施。<br>【エリマネ組織による大規模イベントの開催】<br>芝生化した自由広場を活用し、エリマネ組織が主催する大規模イベントを開催。 |

（出典：国土交通省「都市公園のストック効果事例集」）

都市公園法以外の法律に都市公園の特例があるって聞いたんですが、それってどういうことですか？

例えば、**都市再生特別措置法**という法律に都市公園の占用の許可の特例がある。平成28年（2016年）の改正で追加されたんだ。

【都市再生特別措置法　抄】
（都市再生整備計画）
第四十六条　市町村は、都市の再生に必要な公共公益施設の整備等を重点的に実施すべき土地の区域において、都市再生基本方針に基づき、当該公共公益施設の整備等に関する計画（以下「都市再生整備計画」という。）を作成することができる。
（略）
12　第二項第二号イ若しくはヘに掲げる事業に関する事項又は同項第三号に掲げる事項には、都市公園における自転車駐車場、観光案内所その他の都市の居住者、来訪者又は滞在者の利便の増進に寄与する施設等であって政令で定めるものの設置（都市公園の環境の維持及び向上を図るための清掃その他の措置であって当該施設等の設置に伴い必要となるものが併せて講じられるものに限る。）に関する事項を記載することができる。

第五款　都市公園の占用の許可の特例
第六十二条の二　第四十六条第十二項に規定する事項が記載された都市再生整備計画が同条第十八項前段（同条第十九項において準用する場合を含む。）の規定により公表された日から二年以内に当該都市再生整備計画に基づく都市公園の占用について都市公園法第六条第一項又は第三項の許可の申請があった場合においては、公園管理者は、同法第七条の規定にかかわらず、当該占用が第四十六条第十二項の施設等の外観及び構造、占用に関する工事その他の事項に関し政令で定める技術的基準に適合する限り、当該許可を与えるものとする。

う～ん、よく分からないのですが……。
つまり、都市公園法で占用物件として規定されていない物件でも、別の法律を根拠にして占用許可ができるっていうことですか？

そういうこと。**都市再生整備計画**に、自転車駐車場や観光案内所等を都市公園に置く計画を書いた上で占用の申請をすれば、都市公園法第7条の規定は関係なく許可できるよ、っていう仕組みだよ（図I）。

都市再生整備計画に、都市公園に設ける居住者、来訪者又は滞在者の利便の増進に寄与する施設（サイクルポート、観光案内所等）の整備に関する事項を記載

※計画への記載については、当該都市公園の公園管理者の同意が必要

都市再生整備計画が公表された後2年以内に当該施設等の占用の許可の申請があった場合には、公園管理者は、技術的基準に適合する限り、その占用を許可することとする。

図1　都市再生特別措置法の都市公園の占用特例の概要 (国土交通省資料より作成)

なるほど。でも「自転車駐車場」って何で占用物件なんですか？　公園に来る人が自転車に乗って来たときに使うんだから公園施設じゃないんですか？

【都市再生特別措置法　施行令　抄】
（都市の居住者、来訪者又は滞在者の利便の増進に寄与する施設等）
第十七条　法第四十六条第十二項の政令で定める施設等は、次に掲げるものとする。
　一　自転車駐車場で自転車を賃貸する事業の用に供するもの
　二　観光案内所
　三　路線バス（主として一の市町村の区域内において運行するものに限る。）の停留所のベンチ又は上家
　四　都市公園法（昭和三十一年法律第七十九号）第七条第八号に掲げる仮設工作物

写真1　サイクルポートイメージ

もちろん公園利用者向けの駐輪場は公園施設として設置できるけど、街を周遊する人のために設置するシェアサイクル等の貸し自転車用の駐輪場、いわゆるサイクルポート（写真1）は、「公園利用者のためのもの？」と疑問符がつきやすい。

でも、地域の賑わい創出は大事なことだし、それに寄与することがまちづくり全体の計画（都市再生整備計画）で担保されるなら占用物件として公園に置くこともよしとしよう、となったんだ。
平成30年（2018年）に地域再生法にも同じような規定が追加されたよ。

【地域再生法　抄】
第十七条の七
（略）
4　第二項第三号に掲げる事項には、都市公園（都市公園法（昭和三十一年法律第七十九号）第二条第一項に規定する都市公園をいう。以下同じ。）における自転車駐車場、観光案内所その他の来訪者等の利便の増進に寄与する施設又は物件であって政令で定めるものの設置（都市公園の環境の維持及び向上を図るための清掃その他の措置であって当該施設又は物件の設置に伴い必要となるものが併せて講じられるものに限る。）に関する事項を記載することができる。

なるほど、「あり方検討会」の報告書にあった、まちに開かれた公園になろう、っていう動きの一環ですね。

そういうこと。
でも、平成30年（2018年）の地域再生法の改正は、サイクルポート等が占用物件に追加されることはおまけみたいなもので、海外のBIDを参考にしたエリアマネジメント負担金制度ができたことの方が大きな話かもね（図2）。

BID？

BIDはBusiness Improvement Districtの略で、アメリカのブライアントパーク（写真2）がその成功事例としてよく紹介されている。
簡単に言うと、公園周辺の不動産所有者に上乗せの税金を課して、その税金を公園を管理する団体の活動資金にする、という仕組みだ。
荒廃していた公園がそれで生まれ変わったということで注目されたんだ。

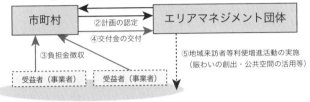

## 地域再生エリアマネジメント負担金制度の創設

○海外の BID 制度等を参考とし、市町村が、地域再生に資する<u>エリアマネジメント</u>
<u>活動</u>に要する費用を、受益者から徴収し、エリアマネジメント団体に交付する官
民連携の制度を創設　　　　　　　　　　　※BID：Business Improvement District

【制度のイメージ図】（第 17 条の 7 ～第 17 条の 9）

①地域来訪者等利便増進活動計画の申請
（区域、活動内容、効果、受益者等を記載）

| 市町村 | エリアマネジメント団体 |

②計画の認定
④交付金の交付
③負担金徴収
⑤地域来訪者等利便増進活動の実施
（賑わいの創出・公共空間の活用等）

受益者（事業者）　　受益者（事業者）

一定のエリア

⇒フリーライダーの発生を防ぎ、安定的な活動財源を確保し、地域再生に資する
エリアマネジメント活動を促進

図 2　地域再生法の改正による地域再生エリアマネジメント負担金制度の概要 [2]

写真 2　ブライアントパーク（ニューヨーク）[3]

それと同じようなことが日本でもできるようになる、ってことです
か。でも、公園管理の資金を周りに住んでいる人から徴収するって
なかなかすごい制度ですね。

ブライアントパークの場合は、BID賦課金を元手に公園運営を開始したんだけど、今はその賦課金にほとんど頼らずに、企業からのスポンサー料やイベントのあがりなどで運営できているところが成功事例とされている由縁なんだ。
公園がよくなると、周りの不動産も優良なテナントが入るなど良い影響を受けて、その影響が公園を更によくする、という好循環が生まれるきっかけになったわけだけど、こういう例が日本でも広がると良いね。

ふむふむ。公園管理の新しい財源としても、公園活性化の新しい形としても勉強しておかなくては。
ところで、都市公園法以外を根拠にした特別な占用物件って他にもあるんですか？

他にはないよ。
以前は、国家戦略特別区域法（特区法）に基づいて**特区の区域内の都市公園に限り、保育所等の社会福祉施設を占用させることができる規定**があったけど、平成29年（2017年）の改正で、その規定が都市公園法に設けられ、**全国どこでも占用が可能**になったんだ（図3）。

---

**国家戦略特別区域法による特例（平成27年（2015年）7月法改正）**

○国家戦略特別区域内の都市公園において、保育所その他の社会福祉施設であって政令で定めるもの（通所型）について、政令で定める技術的基準等を満たす場合には、公園管理者は占用を許可できる規定を創設
○法施行以降、18事例が認定済。平成29年（2017年）4月に6箇所開所（定員の合計は1,000人超）。

都市公園法改正により一般措置化

**都市公園法改正（平成29年（2017年）法改正）**

○保育所その他の社会福祉施設であって政令で定めるもの（通所型）（①）について、政令で定める技術基準（②）等を満たす場合には、公園管理者は占用を許可。

〈施行令で規定する事項〉

①設置可能な社会福祉施設（通所型）……○保育所、老人デイサービスセンター、障害者支援施設　等
②技術的基準………………………………○施設の敷地面積は、公園の広場面積の100分の30以内
　　　　　　　　　　　　　　　　　　　○その他、外観、構造等に関する基準（他の占用物件と同様）

図3　保育所等の占用特例の一般措置化の概要

何で最初から都市公園法に占用物件として入れなかったんですか？

電柱や水道管などと保育所等の公共性が同じレベルかというのもあるし、まずは特区限りでやってみて、その効果等を確認してから、ということだったみたいだよ。
そして、保育所は都市公園法の中に入っても、他の占用物件とはちょっと毛色が違うことが条文からも見て取れる。**第7条の第1項（従来の規定）**と**第2項（法改正で追加された規定）**を比較してごらん？

---

【都市公園法　抄】
（都市公園の占用の許可）
第六条　都市公園に公園施設以外の工作物その他の物件又は施設を設けて都市公園を占用しようとするときは、公園管理者の許可を受けなければならない。
（略）
第七条　公園管理者は、前条第一項又は第三項の許可の申請に係る工作物その他の物件又は施設が次の各号に掲げるものに該当し、都市公園の占用が公衆のその利用に著しい支障を及ぼさず、かつ、<u>必要やむを得ないと認められるもの</u>であって、政令で定める技術的基準に適合する場合に限り、前条第一項又は第三項の許可を与えることができる。
一　電柱、電線、変圧塔その他これらに類するもの
（略）
2　公園管理者は、前条第一項又は第三項の許可の申請に係る施設が保育所その他の社会福祉施設で政令で定めるもの（通所のみにより利用されるものに限る。）に該当し、都市公園の占用が公衆のその利用に著しい支障を及ぼさず、かつ、<u>合理的な土地利用の促進を図るため特に必要であると認められるもの</u>であって、政令で定める技術的基準に適合する場合については、前項の規定にかかわらず、同条第一項又は第三項の許可を与えることができる。

---

あれ？　大体同じなのに、第1項は「**必要やむを得ない**と認められるもの」じゃなきゃダメ、第2項は「**合理的な土地利用の促進を図るため特に必要である**と認められるもの」じゃなきゃダメっていうところだけが違いますね。どういう意味ですか？

その解説は都市公園法運用指針にあるけど、簡単に言うと「周辺の土地利用の状況から都市公園に保育所を設置する必要性が高いし、さらにそこに保育所があることで都市公園にとってもメリットがあること」を占用を許可する条件の1つにしたってことなんだ。

【都市公園法運用指針（第4版　抄】
6. 保育所等社会福祉施設による都市公園の占用について（法第7条関係）
（2）運用に当たっての基本的な考え方
③ 要件
　　法第7条第2項において、公園管理者は、「都市公園の占用が公衆のその利用に著しい支障を及ぼさず、かつ、合理的な土地利用の促進を図るため特に必要であると認められるもの」であって、技術的基準に適合する場合について許可することができると規定している。「合理的な土地利用の促進を図るために特に必要があると認められるもの」とは、周辺の土地利用の状況から、都市公園の土地を有効に活用する必要性が高い場合に、都市公園の効用を阻害しない範囲内において、都市公園の土地を他用途にも活用することで都市公園の機能の増進が図られるものである。
　　例えば、都市公園に保育所を設置することにより、公園が園児やその保護者の交流の場となることや、また、地域住民が利用できるスペースが提供され、公園の利用が促進されることなどが想定される。

え〜！　占用物件って公園にとっては邪魔者だけどしょうがないから置かせてあげる、みたいなものですよね？
「都市公園の機能の増進が図られる」なんて公園施設みたいじゃないですか？

公園施設的な占用物件というか、都市公園との関係を問うという新たなジャンルの占用物件だ。
他にどうしても土地がないっていうならしょうがないけど、設置するなら公園の役にも立つ施設にしてね、といった趣旨かな。

保育所の設置にネガティブなような、ポジティブなような、微妙なスタンスですね。

そうだね。もともと公園は子どもの安全な遊び場、成長の場としての機能も担っているし、公園が保育の場になることに違和感はない。でも、だからといって保育所を公園の中に置く必要性まであるかな？

 う～ん、確かに保育所って子供達の安全のために部外者が入れないように柵で囲ってセキュリティを厳しくしているところが多いですよね。公園利用者が利用できる施設っていう感じでもないし、そうすると公園にとって保育所がそこにあるメリットって…？

それでも保育所が占用物件として追加されたのは、待機児童対策という喫緊の社会問題への対応というのもあるし、工夫次第で公園にメリットのある運営もできる施設だということが理由なんだろう。実際に現在都市公園内に設置されている保育所は、地域住民にも開かれたカフェを設置したり、保育所の外の公園の花壇を園児達がつくって管理していたり[4] と、公園にとってもメリットのある施設として色々な工夫をしながら運営しているんだ。

 これまでの占用物件のイメージとはだいぶ違いますね。工夫次第で子どもや保護者、地域の方々、そして公園利用者にとっても喜ばれる施設になれるんですね。

法律上は公園施設か、占用物件かという二者択一だけど、こういった公園施設的占用物件とも言えるような選択肢ができたことは、都市公園を柔軟に使いこなす、という意味では象徴的なものなのかもしれないね。

注・出典
1）国土交通省（2008）「エリアマネジメント推進マニュアル」におけるエリアマネジメントの定義：地域における良好な環境や地域の価値を維持・向上させるための、住民・事業主・地権者等による主体的な取り組み
2）内閣府地方創生推進事務局ウェブサイト「地域再生法の一部を改正する法律（平成30年（2018年）法律第38号）概要」より抜粋〈https://www.kantei.go.jp/jp/singi/tiiki/tiikisaisei/kaiseikeii/H30_chiiki_hou_gaiyo.pdf〉
3）Pixabay（mschwander）より
4）国土交通省都市局公園緑地・景観課「地域住民も子どもも元気になる公園保育所のOPENに向けて」〈https://www.mlit.go.jp/common/001233166.pdf〉

# COLUMN　保育所と都市公園
## Win-Win な関係に向けて

　これまで、基本的に別々だった保育所と都市公園が、お互いに連携していこう
という新たな取組が始まりつつあります。

　ただ、新たな取組には戸惑いがつきもので、公園管理者にとっても、都市公園
にするために用地を取得し、計画的に整備してきた場所に、一時的とは言え、い
きなり計画にない施設（保育所）を設置することは抵抗があるのが正直なところ
でしょう。

　また、それは公園周辺に住む方にとっても同じかもしれません。

　国土交通省では、都市公園も保育所も、お互いを活かせる公園保育所の設置に
向けて配慮・工夫するポイントをまとめたパンフレットを作成していますので、
参考にしてください。

### □地域住民も子どもも元気になる公園保育所の OPEN に向けて

（出典：国土交通省都市局）

## ❑ 特区法の特例を活用した保育所等の設置事例

| No. | 都市公園名 | 公園管理者 | 整備施設 |
|---|---|---|---|
| 1 | 汐入公園 | 東京都 | 認可保育所 |
| 2 | 祖師谷公園 | 東京都 | 認可保育所 |
| 3 | 西大井広場公園 | 品川区 | 認可保育所 |
| 4 | 反町公園 | 横浜市 | 認可保育所 |
| 5 | 中比恵公園 | 福岡市 | 認可保育所 |
| 6 | 中山とびのこ公園 | 仙台市 | 認可保育所 |
| 7 | 代々木公園 | 東京都 | 保育所型認定こども園 |
| 8 | ふれあい緑地 | 豊中市 | 認可保育所 |
| 9 | 蘆花恒春園 | 東京都 | 認可保育所 |
| 10 | 汐入公園 | 東京都 | 放課後児童クラブ |
| 11 | 羽鷹池公園 | 豊中市 | 認可保育所 |
| 12 | 久保公園 | 西宮市 | 認可保育所 |
| 13 | しながわ区民公園 | 品川区 | 認可保育所 |
| 14 | 木場公園 | 東京都 | 認可保育所 |
| 15 | 和田堀公園 | 東京都 | 認可保育所 |
| 16 | 宮前公園 | 荒川区 | 認可保育所 |
| 17 | 東綾瀬公園 | 東京都 | 認可保育所 |
| 18 | 高野公園 | 吹田市 | 認可保育所 |

（令和元年（2019 年）10 月 1 日現在国土交通省調べ）

## ❑ 一般措置化後の都市公園法の占用許可による保育所等の設置事例

| No. | 都市公園名 | 公園管理者 | 整備施設 |
|---|---|---|---|
| 1 | 真溝公園 | 一宮市 | 放課後児童クラブ |
| 2 | 柳町児童公園 | むつ市 | 認可保育所 |
| 3 | 上山公園 | 雲仙市 | 認可保育所 |
| 4 | 山吹運動公園 | 常陸太田市 | 社会福祉施設（子育て支援施設） |
| 5 | 昭和園 | 大津町 | 放課後児童保育施設 |
| 6 | 南砂三丁目公園 | 江東区 | 認可保育所 |
| 7 | 生駒山麓公園 | 生駒市 | 社会福祉施設（障がい者自立支援施設） |
| 8 | 港南緑地公園 | 港区 | 認可保育所 |
| 9 | 浅川スポーツ広場 | 日野市 | 認可保育所 |
| 10 | 平和公園 | 名古屋市 | 認可保育所 |
| 11 | 新富公園 | 静岡市 | 児童クラブ（放課後児童健全育成事業） |
| 12 | 紺屋町街区公園 | 延岡市 | 児童保育施設 |
| 13 | 中島街区公園 | 延岡市 | 児童保育施設 |

（令和元年（2019 年）10 月 1 日現在国土交通省調べ）

# 第15話　都市公園の新たな公民連携手法 「Park-PFI」とは？

　都市公園に民間の優良な投資を誘導し、公園管理者の財政負担を軽減しつつ、都市公園の質の向上、公園利用者の利便の向上を図ることを目的として、平成29年（2017年）の都市公園法改正により新たに創設された制度が**Park-PFI（公募設置管理制度）**です。

　この制度は、飲食店、売店等の公園利用者の利便の向上に資する**公募対象公園施設**の設置と、当該施設から生ずる収益を活用してその周辺の園路、広場等の一般の公園利用者が利用できる**特定公園施設**の整備・改修等を一体的に行う者を、公募により選定する制度で、都市公園における民間資金を活用した新たな整備・管理手法です。

　公募対象公園施設から生ずる収益の見込み等に基づく特定公園施設の整備を求めるとともに、事業者へのインセンティブとして、設置管理許可期間の延伸や建蔽率緩和など、公募対象公園施設を都市公園に設置し、運営しやすくする緩和措置が適用されることを特徴としています。

　制度の詳細は「都市公園の質の向上に向けたPark-PFI活用ガイドライン」（国土交通省）にまとまっていますので、今回はその制度創設の背景などについて紹介します。

## ❑公募設置管理制度（Park-PFI）のイメージ

〈制度を活用した公園整備イメージ〉　　　〈制度活用の条件と特例措置〉

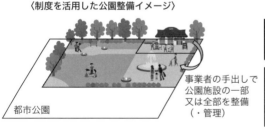

事業者の手出しで公園施設の一部又は全部を整備（・管理）

都市公園

| 条件 | 園路、広場等の公園施設（特定公園施設）の整備を一体的に行うこと |
| --- | --- |
| 特例 | ① 設置管理許可期間の特例（10年→20年）<br>② 建蔽率の特例（2％→12％）<br>③ 占用物件の特例 |

「Park-PFI」なるものがあるって聞いたんですけど、それって何ですか？

平成29年（2017年）の都市公園法改正で新たに設けられた**「公募設置管理制度」**の別名のことだ。
都市公園に公園施設を置きたい人を公募で選ぶ手続きで、具体的には法第5条の2〜9にその手続きが定められた。

【都市公園法　抄】
（公募対象公園施設の公募設置等指針）
第五条の二　公園管理者は、飲食店、売店その他の国土交通省令で定める
　　公園施設であって、前条第一項の許可の申請を行うことができる者を公
　　募により決定することが、公園施設の設置又は管理を行う者の公平な選
　　定を図るとともに、都市公園の利用者の利便の向上を図る上で特に有効
　　であると認められるもの（以下「公募対象公園施設」という。）について、
　　公園施設の設置又は管理及び公募の実施に関する指針（以下「公募設置
　　等指針」という。）を定めることができる。
（以下略）

それって、いわゆる**PFI事業**となにか関係があるんですか？　企画課から聞かれたんですけど、よく分からなくて……。

確かに、名前が似ているからよく比較されるけど、両者は別のもので全く関係はない。
PFI事業というのは、一般に**PFI法**（民間資金等の活用による公共施設等の整備等の促進に関する法律）に基づく事業のことを指す[1]。
PFI法は、民間の資金とノウハウを公共施設等の整備、管理運営などに活用してより安く、質の高いサービスを提供していこうという趣旨から生まれたものだ。公園に限らず様々な公共施設でこの手続きが活用されている。

【民間資金等の活用による公共施設等の整備等の促進に関する法律　抄】
（目的）
第一条　この法律は、民間の資金、経営能力及び技術的能力を活用した公共施設等の整備等の促進を図るための措置を講ずること等により、効率的かつ効果的に社会資本を整備するとともに、国民に対する低廉かつ良好なサービスの提供を確保し、もって国民経済の健全な発展に寄与することを目的とする。
（定義）
第二条　この法律において「公共施設等」とは、次に掲げる施設（設備を含む。）をいう。
　一　道路、鉄道、港湾、空港、河川、公園、水道、下水道、工業用水道等の公共施設
　二　庁舎、宿舎等の公用施設
（以下略）

つまり、Park-PFI は都市公園法に基づく手続きで、PFI 事業は PFI 法に基づく手続き、ということでしょうか？

そうだね。民間の資金、ノウハウの活用を主目的としているから目指す方向はすごく近いが、法律や制度上の関係はない。
Park-PFI の制度自体は、PFI 法ではなく、道路法や港湾法の公募占用の制度（公募で道路等に施設を占用できる者を選ぶ制度）を参考につくられているから、仲間としてはむしろそちらの方が近い。

【道路法　抄】
（入札対象施設等の入札占用指針）
第三十九条の二　道路管理者は、第三十二条第一項又は第三項の規定による許可の申請を行うことができる者を占用料の額についての入札により決定することが、道路占用者の公平な選定を図るとともに、道路管理者の収入の増加を図る上で有効であると認められる工作物、物件又は施設（以下「入札対象施設等」という。）について、道路の占用及び入札の実施に関する指針（以下「入札占用指針」という。）を定めることができる。

【港湾法　抄】
（公募対象施設等の公募占用指針）
第三十七条の三　港湾管理者は、第三十七条第一項の許可（略）の申請を行うことができる者を公募により決定することが、港湾区域内水域等を占用する者の公平な選定を図るとともに、再生可能エネルギー源（略）の利用その他の公共の利益の増進を図る上で有効であると認められる施設又は工作物（以下「公募対象施設等」という。）について、港湾区域内水域等の占用及び公募の実施に関する指針（以下「公募占用指針」という。）を定めることができる。

本当ですね。道路法とか港湾法の規定とそっくり。
PFI 法と関係ないなら、なぜ PFI という言葉を使っているんですか？

Park-PFI は、「都市公園における民間資金を活用した新たな整備・
管理手法」というくらいの意味らしい[2]。PFI という響きが「公民
連携の制度だ」ということを伝える上で分かりやすかったんだろう
ね。

なるほど。

都市公園法には他の公物管理法と一線を画す設置管理許可手続きが
あるので、それをうまく運用すれば PFI 事業に近いことはできるし、
いくつかの地方公共団体では以前からやっていた[3]。
公募設置管理制度は、その名の通り設置管理許可の制度を拡充した
ものだが、これまでとの違いを出していくためにもインパクトのあ
るネーミングが効果的だったのかもしれないね。

でも、ネーミングはともかく、これまでも運用でできていたんですよね。
だったら法律を変えてまで新しい制度をつくる必要はなかったんじゃ
ないですか？

もちろん運用である程度できるが、運用でできることには限界があ
る。都市公園で民間事業者との連携を進めていく上で、法律上大き
く 2 つの課題があった。
1 つ目は法第 5 条第 3 項の**設置管理許可の期間**だ。

【都市公園法　抄】
（公園管理者以外の者の公園施設の設置等）
第五条
（略）
3　公園管理者以外の者が公園施設を設け、又は管理する期間は、十年を
　こえることができない。これを更新するときの期間についても、同様と
　する。

設置管理許可の期間は**最長 10 年**ですよね。
結構長いし、10 年以降も**更新できる**のに、何が問題なんですか？

確かに 10 年は長いようにも思えるが、投資の回収という側面からは十分な期間とは言えない。
例えば、10 年間で、何もないところにレストランを建て、その建築費用を回収した上で利益を上げて撤去する、ということが現実的だろうか。

う〜ん、確かに 10 年限定でビジネスやりたい人ってあまりいないですよね……。

やっぱり良いものをつくって、運営してほしければ、それなりの事業期間を確保する必要がある。
そして設置管理許可の更新ができるとはいっても、法律上更新が保証されているわけではない。大阪市や名古屋市など、先駆的に民間事業者との連携を進めていたところでは、市と民間事業者との**協定**で 20 年間の事業期間を確保する、という事業スキームで公募していた [3]。

協定で担保できるなら、それでもいいんじゃないですか？

ただ、協定はあくまで協定で、法的な保証はない。これは、特に事業者が銀行等から資金調達しようとしたときに問題となる。
つまり、事業者が 20 年間の事業計画で融資を申し込んだとしても、銀行から「○○市がそう言っているだけで法的には 10 年しか保証されていないじゃないか。リスクが高い。融資できないよ」と言われることもあったようだ。

法的な保証の有無は民間事業者側にとっては死活問題なんですね。

## てんしば（天王寺公園エントランスエリア）

| 公園名 | 天王寺公園 |
|---|---|
| 所在地 | 大阪府大阪市 |
| 公園管理者 | 大阪市 |
| 種別 | 動植物公園 |
| 供用開始年 | 明治 42 年（1909 年） |
| 供用面積 | 約 26ha（平成 30 年度（2018 年度）末） |
| 施設の運営者 | 近鉄不動産株式会社 |
| 施設面積<br>（建築面積） | エリア面積エントランスエリア：約 25,000m²<br>うち芝生広場約：7,000m²<br>茶臼山エントランス約：5,400m²<br>バス駐車場約：1,160m² |
| 主な施設 | カフェ、レストラン、フラワーショップ、コンビニエンスストア、フットサルコート（3 面）、総合ペットサービス　等 |
| リニューアル後<br>の利用者数 | 平成 27 年（2015 年）10 月 1 日〜平成 28 年（2016 年）9 月 30 日：約 419 万人<br>平成 28 年（2016 年）10 月 1 日〜平成 29 年（2017 年）9 月 30 日：約 404 万人<br>平成 29 年（2017 年）10 月 1 日〜平成 30 年（2018 年）3 月 29 日：約 179 万人 [4] |
| 特徴等 | エントランスエリアの再整備、魅力向上を効率的・効果的に行うため、エリアの再整備、管理運営を行う者を公募。<br>選定された事業者が、カフェ、レストラン等の収益施設を設置するとともに、芝生広場（約 7,000m²）、園路等も事業者負担により整備し、平成 27 年（2015 年）から 20 年間の契約（協定締結）で公園の管理運営を実施している。 |

そこで、**設置管理許可の期間は最長10年のままだけど**、施設を設置・管理できる**計画の認定期間を20年とし**、**計画期間内は設置管理許可を与えなければならない**とすることで、実質的に許可の更新、**20年の営業を担保**する制度をつくったんだ。
これは道路等の占用の公募制度と同じ仕組みだよ。

【都市公園法　抄】
第五条の二
（略）
2　公募設置等指針には、次に掲げる事項を定めなければならない。
（略）
　　八　第五条の五第一項の認定の有効期間
（略）
5　第二項第八号の有効期間は、二十年を超えないものとする。

第五条の五　公園管理者は、前条第五項の規定により通知した設置等予定者が提出した公募設置等計画について、公募対象公園施設の場所を指定して、当該公募設置等計画が適当である旨の認定をするものとする。

第五条の七
（略）
2　公園管理者は、認定計画提出者から認定公募設置等計画に基づき第五条第一項の許可の申請があつた場合においては、同項の許可を与えなければならない。

これで1つ目の課題はクリアですね。
もう1つの課題ってなんですか？

もう1つの課題は都市公園固有の課題だ。
都市公園には建蔽率の定めがある（第8話参照）。
民間事業者が得意な売店や飲食店などは公園施設としては「便益施設」に分類されている。便益施設には建蔽率の上乗せ特例がないから、通常建蔽率の2％の範囲内に収まらないと設置できない。
特に面積の小さい公園ではこれが支障になって、そもそも施設が設置できないよね。

でも、建蔽率って参酌基準ですよね。地方公共団体がやろうと思えば条例で建蔽率を緩和できるんじゃないですか？

その通り。制度上は地方公共団体が条例で2%以上の建蔽率にすることが可能なので、正確に言うと法律上の壁とは言えないね。どちらかというと**心理的な壁**、といった方がいいかもしれない。

心理的な壁？

そう。都市公園で民間事業者との連携を進める上で一番の課題は法律の規定ではなく、むしろ「税金でつくった公園の中で民間事業者が商売することはいけないことなんじゃないか？」という思い込みなんだ。

う〜ん。でも、私も何となく抵抗あります。営利を目的とした施設は置いちゃいかん、みたいなことを聞いたこともあるような……。

だから、民間事業者が施設を設置しやすくするために建蔽率を緩和する条例改正をしたい、と言ったら「なぜ民間の商売のために貴重なオープンスペースを減らすようなことをするのか？」と疑問に思う人も多いだろう。
なので、建蔽率を緩和することのハードルは、実態としては必ずしも低くない。いわゆる「営利目的」の解釈が難しいこともその一因だ。

普通、民間企業って営利を目的としていますよね。利益を上げないと従業員に給料も払えないし、株主もお金を出してくれないし。
そうすると、民間企業が都市公園で商売する余地はないような気もしますが？

すごく狭く解釈すると、行政が持っている土地で商売できるのは非営利の企業・法人だけになってしまう。でも、さすがに公の土地でボロ儲けするのはだめだけど、適正な利益を上げるのは認められるんじゃないか、という解釈も成り立つ。実際に、都市公園法ができたときから民間事業者が飲食店、売店等を公園施設として当たり前に運営しているという現実を踏まえるとね。

確かに。でも、いくらなら適正な利益と言えるのか、っていうのもよく分からないし、明確な基準がないのは結構やりにくいですね。

だから、民間との連携というとどうしても及び腰になってしまうのも無理はない。
ただ、行政もお金がない中、安くて質の高いサービスを提供していかないといけない時代だ。それを行政だけでできるのか、民間と一緒にやった方がいいものができるんじゃないか、という空気が少しずつ広がる中、1つの契機となったのが、今から10年ほど前、富山県の富岩運河環水公園へのスターバックスの出店だ。

## 富岩運河環水公園

| 所在地 | 富山県富山市 |
|---|---|
| 公園管理者 | 富山県 |
| 種別 | 総合公園 |
| 供用開始年 | 平成9年（1997年） |
| 供用面積 | 約10ha（平成30年度（2018年度）末） |
| 特徴等 | 富岩運河の船溜まりを活用し、富山の自然と富岩運河の歴史を活かした富山駅北地区のシンボルオアシスとして整備した風光明媚な公園。<br>スターバックスコーヒーが全国で初めて都市公園に出店し、公園特有の運河の景観を最大限活用した店舗はスターバックス内のストアデザイン賞最優秀賞を受賞、「世界一美しいスターバックス」としても評判となり、四季折々のイベントの開催等の相乗効果により富山駅周辺の賑わい創出、魅力向上に寄与。 |

（出典：国土交通省「都市公園のストック効果事例集」）

聞いたことあります！
「世界一美しいスターバックス」ってやつですよね。都市公園に初めてスターバックスが出店したってことで有名な事例ですね。

その通り。
都市公園の中に有名珈琲チェーン店が出店することは当時色々と物議を醸しただろうけど、運河を臨む公園の景観を最大限活かしたその店舗は今や富山の重要な観光資源の1つとなっている。
観光客が店の前で記念撮影しているスターバックスはそう多くないだろうね（写真1）。

写真1　富岩運河環水公園のスターバックス前で記念撮影をする観光客

「スターバックスは営利目的だからダメだ！」って決めつけていたら公園も、地域も今のような賑わいはなかったかもしれないですね。

そうだね。それに、スターバックスは公園利用者にとって心地よい休憩場所を提供するだけじゃなく、同じ公園内の事業者と一緒に定期的に公園の清掃を行ったりして、公園をきれいに保つことにも協力してくれているみたいだ。

「公園管理者にとっても、公園利用者にとっても、民間事業者にとっても Win-Win-Win な関係ができる！」っていう良い事例になったんですね。

そこで Park-PFI では、公園にとってプラスになる施設を置いてほしいんだという趣旨を明確にするため、**公園利用者の利便の向上を図る上で特に有効、利益を都市公園の整備に直接還元**、という条件を満たす公園施設を「**公募対象公園施設**」として、その施設は建蔽率を緩和（＋10%）するよ、っていう規定を新たに設けたんだ。

【都市公園法　抄】
（公募対象公園施設の公募設置等指針）
第五条の二　公園管理者は、飲食店、売店その他の国土交通省令で定める公園施設であつて、前条第一項の許可の申請を行うことができる者を公募により決定することが、公園施設の設置又は管理を行う者の公平な選定を図るとともに、都市公園の利用者の利便の向上を図る上で特に有効であると認められるもの（以下「公募対象公園施設」という。）について、公園施設の設置又は管理及び公募の実施に関する指針（以下「公募設置等指針」という。）を定めることができる。
2　公募設置等指針には、次に掲げる事項を定めなければならない。
（略）
　　五　特定公園施設（公募対象公園施設の設置又は管理を行うこととなる者との契約に基づき、公園管理者がその者に建設を行わせる園路、広場その他の国土交通省令で定める公園施設であつて、当該公募対象公園施設の周辺に設置することが都市公園の利用者の利便の一層の向上に寄与すると認められるものをいう。以下同じ。）の建設に関する事項（当該特定公園施設の建設に要する費用の負担の方法を含む。）

【都市公園法施行規則　抄】
（公募対象公園施設の種類）
第三条の三　法第五条の二第一項の国土交通省令で定める公園施設は、次に掲げるものであつて、当該公園施設から生ずる収益を特定公園施設の建設に要する費用に充てることができると認められるものとする。
　　一　休養施設
　　二　遊戯施設
　　三　運動施設
　　四　教養施設
　　五　便益施設
　　六　令第五条第八項に規定する施設のうち、展望台又は集会所

　　－　（建蔽率緩和の条項）　－
【都市公園法施行令　抄】
（公園施設の建築面積の基準の特例が認められる特別の場合等）
第六条
6　地方公共団体の設置に係る都市公園についての認定公募設置等計画に基づき公募対象公園施設である建築物（第一項各号に規定する建築物を除く。）を設ける場合に関する法第五条の九第一項の規定により読み替えて適用する法第四条第一項ただし書の政令で定める範囲は、当該公募対象公園施設である建築物に限り、当該都市公園の敷地面積の百分の十を限度として同項本文の規定により認められる建築面積を超えることができることとする。

「当該公園施設から生ずる収益を」って書いているから、収益をあげる施設を前提にしていることが分かりますね。
そして、その施設（公募対象公園施設）の収益を使って周りに都市公園をもっと良くするための施設（特定公園施設）も一緒につくってよ、という制度にすることで、公共の公園整備費も縮減しつつ、都市公園の質を更に向上させようとしているんですね（図1）。

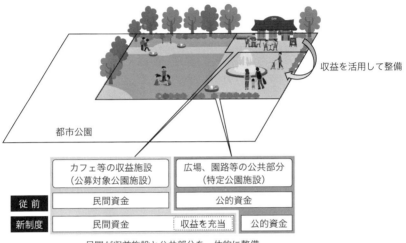

図1　Park-PFIのイメージ

そういうこと。
また、公園利用者のためになるかどうか、慎重に審査するために、学識経験者の意見を聴くことも手続き化されているんだ。

【都市公園法　抄】
（設置等予定者の選定）
第五条の四
3　公園管理者は、前項の評価に従い、<u>都市公園の機能を損なうことなくその利用者の利便の向上を図る上で最も適切であると認められる公募設置等計画を提出した者を設置等予定者として選定する</u>ものとする。
4　公園管理者は、前項の規定により設置等予定者を選定しようとするときは、国土交通省令で定めるところにより、あらかじめ、<u>学識経験者の意見を聴かなければならない</u>。

なるほど。営利目的かどうかという議論じゃなく、公園利用者の利便の向上を図る上でどのくらい有効か、利益を公園にどのように還元してくれるか、を競争で競わせて、第三者の意見を聴きながら一番良い提案を選ぼう、っていう仕組みなんですね。

その通り。収益を上げることを否定するのではなく、公園への還元とセットにすることで収益を上げることを肯定的に捉え、公園への優良投資を呼び込もう、というのが狙いだ。

そもそも、収益が上がるということは公園利用者のニーズに応えるサービスを提供できているってことですし、良いことのはずですよね。公園利用者や地域の声を聴きながら、どういう施設があったらもっとこの公園が良くなるのかを考えて、それを実現するための手段の1つとしてこの制度を使っていけば、公園をもっと良くできる気がします。

「あり方検討会」の最終報告書でも、都市公園を一層柔軟に使いこなすため、民間活力の導入ポテンシャルが高い都市公園を積極的に活用して、その収益を整備や管理運営に還元することが例示として示されている。
Park-PFI はこの方向性に対応した制度として設計されているんだ。

【「新たなステージに向けた緑とオープンスペース政策の展開について」 抄】
（略）
3. 新たなステージで重視すべき観点
（3）都市公園を一層柔軟に使いこなす
（略）
　　このため、民間活力の導入ポテンシャルが高い都市公園は、様々な施設の導入やイベントの誘致等を積極的に行ってその収益等を整備や管理運営に還元し、地域住民のコミュニティ形成拠点としてのポテンシャルが高い都市公園は、市民による主体的な整備・管理運営に委ねる、多様な動植物の生息・生育場所としてのポテンシャルが高い都市公園は、自然環境を保全するための適切な利用制限、管理を行うなど、個々の都市公園が有するポテンシャルに応じ、都市公園を柔軟に使いこなすことが必要である。

報告書に書くだけじゃなく、国がそれをきちんとルール化して、こういうルールでやっていいよって法律にまで書くことで、心理的な不安を払拭させようとしたんですね。
今後この制度をきっかけに都市公園がどう良くなっていくのか、楽しみですね。

**注・出典**
1) 内閣府ウェブサイト「PPP/PFI とは」
〈https://www8.cao.go.jp/pfi/pfi_jouhou/aboutpfi/aboutpfi_index.html〉
2) 国土交通省（2018）「都市公園の質の向上に向けた Park-PFI 活用ガイドライン」
〈https://www.mlit.go.jp/common/001197545.pdf〉
3) 大阪市の「天王寺公園エントランスエリア魅力創造・管理運営事業」や名古屋市の「名城公園(北園)営業施設等 事業」など
4) 近鉄不動産株式会社記者発表資料（平成 30 年（2018 年）9 月 19 日）
〈https://www.tennoji-park.jp/press/pdf/news20180927.pdf〉

# COLUMN　　Park-PFI の事例

　Park-PFI は、北九州市の勝山公園で最初に活用されて以降、全国各地の都市公園で公民連携による都市公園の魅力向上に活用されています。

　令和元年（2019 年）12 月末時点で以下の 5 公園で事業開始しており、その他 31 公園で公募設置等指針を既に公表して事業者選定等を行っています。

❑ Park-PFI の活用状況（事業開始済みの公園）

木伏緑地（岩手県盛岡市）

天神中央公園（福岡県福岡市）

勝山公園（福岡県北九州市）

横浜動物の森公園（神奈川県横浜市）

別府公園（大分県別府市）

※図中（　）内は所在地

# 珈琲所コメダ珈琲店　北九州勝山公園店

| 公園名 | 勝山公園 |
|---|---|
| 所在地 | 福岡県北九州市 |
| 公園管理者 | 北九州市 |
| 種別 | 総合公園 |
| 供用開始年 | 昭和32年（1957年） |
| 供用面積 | 約20ha（平成30年度（2018年度）末） |
| 施設の設置・運営者 | 有限会社クリーンズ（珈琲所コメダ珈琲店とフランチャイズ契約） |
| 施設面積 | 約200m² |
| 主な施設 | 公募対象公園施設：便益施設（珈琲所コメダ珈琲店）<br>特定公園施設（公園利用者が無料で自由に休憩できる空間の整備）：パーゴラ、ベンチ・テーブル、サークルベンチ、植栽　等 |
| 特徴等 | 北九州市のシンボル公園である勝山公園でPark-PFIの最初の事例として平成30年（2018年）7月から運営開始。<br>ベンチ、植栽等の整備費の一部を民間事業者が負担。<br>23時までの店舗営業によって公園周辺が夜も明るくなり、安全・安心な空間の提供にも寄与。 |

# 第 16 話　Park-PFI 以外の公民連携手法には どのようなものがある？

　都市公園における公民連携手法は多様です。特に、都市公園法第 5 条の設置管理許可という、いわば公民連携の土台となる手続きが法制定当初から備わっているため、様々な展開が可能なことが特徴です。

　各地域の創意工夫によって様々な取り組みが行われていますので、その具体例を中心に紹介します。

## □都市公園における PPP/PFI 手法の比較 [1]

| 制度名 | 根拠法 | 事業期間の目安 | 特徴 |
|---|---|---|---|
| 指定管理者制度 | 地方自治法 | 3 〜 5 年程度 | ・民間事業者等の人的資源やノウハウを活用した施設の管理運営の効率化（サービスの向上、コストの縮減）が主な目的。<br>・一般的には施設整備を伴わず、都市公園全体の運営維持管理を実施。 |
| 設置管理許可制度 | 都市公園法第 5 条 | 10 年<br>（更新可） | ・公園管理者以外の者に対し、都市公園内における公園施設の設置、管理を許可できる制度。<br>・民間事業者が売店やレストラン等を設置し、管理できる根拠となる規定。 |
| PFI 事業<br>（Private Finance Initiative） | PFI 法 | 10 〜 30 年程度 | ・民間の資金、経営能力等を活用した効率的かつ効果的な社会資本の整備、低廉かつ良好なサービスの提供が主な目的。<br>・都市公園ではプールや水族館等大規模な施設での活用が進んでいる。 |
| その他<br>（DB、DBO 等） | − | − | ・民間事業者に設計・建設等を一括発注する手法（DB）や、民間事業者に設計・建築・維持管理・運営等を長期契約等により一括発注・性能発注する手法（DBO）等がある。 |
| Park-PFI<br>（公募設置管理制度） | 都市公園法第 5 条の<br>2 〜 9 | 20 年以内 | ・飲食店、売店等の公募対象公園施設の設置又は管理と、その周辺の園路、広場等の特定公園施設の整備、改修等を一体的に行う者を、公募により選定する制度。 |

Park-PFI 以外の公民連携手法にはどういったものがあるんですか?

都市公園法は法第 5 条の設置管理許可というまさに公民連携のための手続きがあるので、それを基本として様々な公民連携手法が可能になっている。
Park-PFI もその 1 つだが、都市公園法以外を根拠とした公民連携手法として代表的なのは**指定管理者制度**、**PFI 事業**だ。

指定管理者制度?

指定管理者制度とは、平成 15 年（2003 年）の地方自治法改正により創設された公の施設の管理に係る制度で、地方公共団体が指定する者（指定管理者）に公の施設の管理を行わせる制度のことだ。

【地方自治法　抄】
（公の施設の設置、管理及び廃止）
第二百四十四条の二　普通地方公共団体は、法律又はこれに基づく政令に特別の定めがあるものを除くほか、公の施設の設置及びその管理に関する事項は、条例でこれを定めなければならない。
（略）
3　普通地方公共団体は、公の施設の設置の目的を効果的に達成するため必要があると認めるときは、条例の定めるところにより、法人その他の団体であって当該普通地方公共団体が指定するもの（以下本条及び第二百四十四条の四において「指定管理者」という。）に、当該公の施設の管理を行わせることができる。
4　前項の条例には、指定管理者の指定の手続、指定管理者が行う管理の基準及び業務の範囲その他必要な事項を定めるものとする。
（以下略）

地方自治法とその条例に基づく制度だから、都市公園だけじゃなく、公の施設一般に使える制度ですね。

そうだね。条例で規定できるのでその制度の内容は地方公共団体によって様々だけど、一般的に、新たな公園施設の整備を伴わず、都市公園全体の運営維持管理を民間事業者等に行わせる手法として活用されることが多い。
全国の都市公園の1割くらいが指定管理者制度を活用していて、民間事業者が管理する公園も増えてきているみたいだね（図1）。

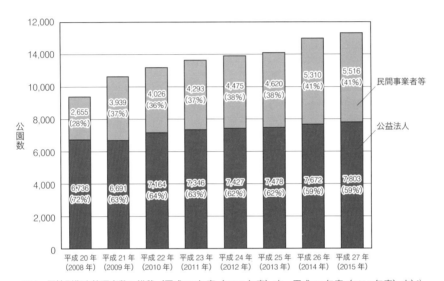

図1 属性別指定管理者数の推移（平成20年度（2008年度）末〜平成27年度（2015年度）末）[1]

なるほど。
PFI事業は前話でも少し教えていただきましたが、具体的にはどういった事業ですか？

PFI事業は、PFI法の手続きに則って、民間資金等を活用して公共施設の整備・運営維持管理を民間事業者にやってもらう手法だ。
指定管理者制度が、どちらかというと現状の施設の管理運営を主に想定しているのに対し、PFI事業は、新たな施設整備を伴う場合や今ある施設の改修等を行う場合を想定した事業が多いかな。

## 海の中道海浜公園海洋生態科学館（マリンワールド海の中道）

| 公園名 | 国営海の中道海浜公園 |
|---|---|
| 所在地 | 福岡県福岡市 |
| 公園管理者 | 国 |
| 施設名 | 水族館（マリンワールド海の中道） |
| 施設設置 | 第1期：平成元年（1989年）、第2期：平成7年（1995年） |
| 施設面積 | 約3ha（平成30年度（2018年度）末） |
| 事業者名 | マリンワールドPFI株式会社 |
| 事業期間 | 平成27年（2015年）10月～令和18年（2036年）3月 |
| 特徴等 | 開館後25年が経過し、施設・設備の老朽化が進行していた海の中道海浜公園の水族館（海洋生態科学館）を、民間の資金、ノウハウ等により改修、管理運営するため、PFI事業を活用。平成28年（2016年）4月からリニューアルオープン。 |

制度によってそれぞれ特徴があるんですね。

制度としては以上の2つが代表的なものだけど、これらの制度を組み合わせたり、その他独自の方法によって、創意工夫しながら公民連携に取組む事例も増えてきている。

例えばどのようなものですか？

例えば、令和元年（2019年）11月にオープンした東京都町田市の「グランベリーパーク」は、行政と民間が連携して都市公園と商業施設の再整備を行ったんだ。計画から整備、管理運営まで連携している点が特徴だよ（図2）。

図2　グランベリーパーク　計画図 [2]

## 鶴間公園

にぎわい広場

クラブハウス

| 所在地 | 東京都町田市 |
|---|---|
| 公園管理者 | 町田市 |
| 種別 | 運動公園 |
| 供用開始年 | 昭和 54 年（1979 年） |
| 供用面積 | 約 7ha（平成 31 年度（2019 年度）末） |
| 指定管理者 | TSURUMA パークライフパートナーズ（株式会社石勝エクステリア、東急スポーツシステム株式会社、日本体育施設株式会社） |
| 指定期間 | 令和元年（2019 年）11 月 1 日〜令和 11 年（2029 年）3 月 31 日 |
| 特徴等 | 町田市と東急電鉄株式会社が連携・共同し、都市基盤、都市公園、商業施設、都市型住宅などを、一体的に再整備・再構築し「新しい暮らしの拠点」を創り出していく「南町田拠点創出まちづくりプロジェクト」の中で再整備された公園。<br>公園には、大きな 2 つの芝生広場、グラウンドやテニスコート等の運動施設、遊び場、クラブハウスなどが整備されている。 |

公民連携した一体的な再整備って、聞いただけで難しそうですね。どうやってそんなことが実現できたんですか?

民間にとっては、既存の商業施設グランベリーモールが更新時期を迎えること、行政にとっては、南町田駅に近い立地にありながら今1つ活用されていない鶴間公園等をもっと地域に役立てたいというそれぞれの事情があった。
そこで、公民が連携してまちの活力の維持に取り組もうと、グランベリーモール、鶴間公園、鶴間第二スポーツ広場を含むエリアで、商業施設と都市公園の一体的な再整備を検討する協定を締結したんだ[3]。

 そういう事情なら確かに別々にやるより一体的にやった方がお互いメリットが大きそうですね。

そして、再整備の実施に当たっては、まちづくり全体として考えるため、行政・民間だけでなく、ワークショップなどを通じて市民とも協働で再整備計画をつくり上げていったんだ。

 行政も、民間も、市民も Win-Win-Win になるように丁寧に議論を重ねていったんですね。

そうだね。
そして、鶴間公園の管理は指定管理者制度を活用しているけど、自主事業で生み出した収益の一部を活用して、南町田グランベリーパークの活性化につなげる仕組みになっているようだ。管理運営面でも色々と工夫があって参考になるよ。

 なるほど。
勉強します。

それから、もう少し変わったやり方としては**クラウドファンディング**を活用する方法もある。

 クラウドファンディングって「こういうアイデアを実現したいから、賛同してくれる方、支援してください」っていう仕組みのことですよね。都市公園のような公共が設置する施設でも使えるんですか?

もちろん使えるよ。「日本一小さい村」である富山県舟橋村では、都市公園に設置する遊具の費用をクラウドファンディングで応募したんだ[4]。

面白いアイデアですね。
その結果はどうだったんですか？

目標金額100万円を大きく超える約250万円が集まったそうだ。
公民連携というと人口の多い都市部でないとできないのではないか、と思われがちだけど、必ずしもそういうわけではない。

### オレンジパークふはなし

クラウドファンディングの資金で完成した水遊び場[4]

| 公園名 | 京坪川河川公園 |
| --- | --- |
| 所在地 | 富山県中新川郡舟橋村 |
| 公園管理者 | 舟橋村 |
| 種別 | 近隣公園 |
| 供用開始年 | 平成16年（2004年） |
| 供用面積 | 約3ha（平成30年度（2018年度）末） |
| 特徴等 | 日本で最も面積の小さな自治体の舟橋村（面積347ha）で、クラウドファンディングを活用して集めた資金（約250万円）をもとに公園に遊具を設置。 |

やる気とアイデア次第ですね！

そういうこと。
他にもNPOが中心となったまちおこしの舞台となっている公園もある。
薩摩半島の南端にある鹿児島県の南九州市では、NPO法人「頴娃（えい）おこそ会」が手づくりでタツノオトシゴをモチーフにした鐘を設置したことをきっかけに、県・市も協力して番所鼻自然公園の活性化に向けた再整備を行い、観光地化を進めている。

# 番所鼻自然公園（番所公園）

| | |
|---|---|
| 所在地 | 鹿児島県南九州市 |
| 公園管理者 | 南九州市 |
| 種別 | 風致公園 |
| 供用開始年 | 昭和51年（1976年） |
| 供用面積 | 約13ha（平成30年度（2018年度）末） |
| 特徴等 | 日本地図作成のために立ち寄った伊能忠敬が「天下の絶景なり」と賞賛した景勝地を生かした公園で、開聞岳が一望できる展望スペースやタツノオトシゴの観光養殖場「タツノオトシゴハウス」がある。<br>平成22年（2010年）のNPOによるタツノオトシゴをモチーフにした鐘「吉鐘」の設置をきっかけに、観光機能の強化を公民で推進している。 |

NPOが設置した　　　番所鼻自然公園の様子[5]
幸せの鐘

 やる気のある人たちのアイデアと行動が行政を動かしたんですね！

そうだね。逆の見方をすると、行政は地域の人が前向きに動いてくれる場所は支援しやすいということなのかもしれない。
それまで、数えるほどしかいなかった公園を訪れる観光客は、年間約8万人になったんだって。市の人口は約4万人だから、その2倍の人が訪れるような場所になったということだね[5]。

 おおっ、すごい！

公園の活性化という点だけの取組ではなく、空き家再生や周辺の観光地との連携、移住者受け入れなど、幅広い分野で面的に取り組んでいることが実を結び始めているのかもしれないね。

 公園の公民連携というとカフェやレストランというイメージでしたが、今ある資源を活かすために、それぞれの地域で、色々な工夫をしているんですね。

注・出典
1) 国土交通省都市局（2017）「都市公園の質の向上に向けたPark-PFI活用ガイドライン」
2) 南町田拠点創出まちづくりプロジェクトウェブサイト「グランベリーパーク」〈http://minami-machida.town/future/〉
3) 南町田拠点創出まちづくりプロジェクトウェブサイト「プロジェクトの歩み」〈http://minami-machida.town/archive/〉
4) 公園つくるんデス！〜日本一ちっちゃな村の小学生と造園屋さんの挑戦〜
〈https://camp-fire.jp/projects/51944/activities/50838#main〉
5) NPO法人頴娃おこそ会ウェブサイト〈https://ei-okosokai.jimdofree.com/〉

# COLUMN 　都市公園における PFI 事業の実施事例

　PFI 法に基づく PFI 事業は、都市公園ではスポーツ施設、プール、水族館などの施設の設置、運営に多く活用されています。

　施設規模が大きい分、事業期間も 15 年〜 30 年までと比較的長期間にわたって行われる事業が多いことが特徴です。

❏ PFI 事業の主な実施事例

| 事業名 | 主体 | 事業分野 | 運営期間 |
|---|---|---|---|
| スポーツ施設・プール（6 件） | | | |
| 尼崎の森中央緑地スポーツ健康増進施設整備事業 | 兵庫県 | スポーツ施設 | 約 17 年間 |
| （仮称）墨田区総合体育館建設等事業 | 墨田区 | スポーツ施設 | 20 年間 |
| （仮称）柳島スポーツ公園整備事業 | 茅ヶ崎市 | 屋外スポーツ施設 | 20 年間 |
| 鹿児島市新鴨池公園水泳プール整備・運営事業 | 鹿児島市 | 屋内・屋外プール | 15 年間 |
| 川越市なぐわし公園温水利用型健康運動施設等整備運営事業 | 川越市 | 温水利用型健康運動施設 | 14 年 9 カ月間 |
| 新県営プール施設等整備運営事業 | 奈良県 | プール等 | 15 年間 |
| 水族館（2 件） | | | |
| 海洋総合文化ゾーン体験学習施設等特定事業 | 神奈川県 | 水族館、体験学習施設 | 30 年間 |
| 海の中道海浜公園海洋生体科学館改修・運営事業 | 国土交通省 | 水族館 | 20 年間 |
| その他（5 件） | | | |
| （仮称）長井海の手公園整備等事業 | 横須賀市 | 農業公園（ビジターセンター、体験施設、温室等） | 10 年間 |
| 指宿地域交流施設整備等事業 | 指宿市 | 道の駅、都市公園 | 15 年間 |
| 道立噴火湾パノラマパークビジターセンター等整備運営事業 | 北海道 | ビジターセンター、駐車場、エントランス広場、オートキャンプ場 | 25 年間 |
| 横浜市瀬谷区総合庁舎及び二ツ橋公園整備事業 | 横浜市 | 庁舎、街区公園、地下駐車場等 | 約 17 年間 |
| 新神戸ロープウェー再整備等事業 | 神戸市 | ロープウェー、ハーブ園 | 16 年間 |

（出典：国土交通省都市局「都市公園の質の向上に向けた Park-PFI 活用ガイドライン」をもとに作成）

# 第5章

# 市民が都市公園を利用するときの
# 疑問と関係する法令の規定

　取扱説明書のない製品がないように、規則やルールのない都市公園もありません。

　規則等は、都市公園という施設をどのように使ってほしいかという都市公園の設計者、整備者、管理者の意図が反映されたものですが、通常はなぜそのような規定にしたのかという背景は表に出ず、結果としての規定のみが注意看板等として表に出ます。そのため、利用者の側からすると、なぜこのような規則があるのか、なぜこのような禁止事項があるのか、と疑問に思うことも少なくないかもしれません。

　そこで、本章では、都市公園でできること、できないことがどのように決まっているのか、どうすれば都市公園でやりたいことができるようになるのかなど、市民の方が都市公園を使いこなすための参考となる規定や事例等について解説します。

# 第17話　都市公園の禁止事項は
## どのように決まっている？

　「キャッチボール禁止」「犬の散歩禁止」「バーベキュー禁止」など、公園には様々な禁止事項が溢れていて何もできないじゃないか、公園は本来誰もが自由に使える空間のはずなのに、という声を聞きます。

　なぜ禁止事項が多くなるのでしょうか。禁止事項はどこで決まっているのでしょうか、そしてどのように決めていくべきなのでしょうか。

　都市公園のルールの現状と、より快適に利用いただくための取組について解説します。

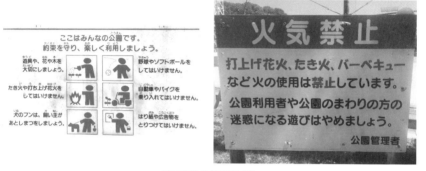

公園の禁止事項等の例

自由にボール遊びのできる公園のイメージ

都市公園のルールってどのように決まっているんですか？
例えばこの看板には「花火・たき火など火は使えません」って書いてありますけど。

---

**公園内では次のルールを守りましょう**

1 バイクの乗り入れはできません
2 花火・たき火など火は使えません
3 危険な為ゴルフの練習は禁止です
4 ペットはリードをして散歩しましょう
5 ペットのフンは持ち帰りましょう
6 施設が壊れるのでスケートボードは使用禁止です

---

そうですね。それではまず、法律にどのように書いてあるか見てみましょう。
法律では、国営公園での行為の禁止事項等は規定されていますが、地方公共団体の公園については特に規定はありません。
従って、**法律に定めがないので**、法第18条に基づき、**地方公共団体が条例でそれぞれ都市公園での禁止事項などを定める**ことになっています。

---

【都市公園法　抄】
（条例又は政令で規定する事項）
第十八条　この法律及びこの法律に基づく命令で定めるもののほか、都市公園の設置及び管理に関し必要な事項は、条例（国の設置に係る都市公園にあっては、政令）で定める。

― 参考 ―
（国の設置に係る都市公園における行為の禁止等）
第十一条　国の設置に係る都市公園においては、何人も、みだりに次に掲げる行為をしてはならない。
一　都市公園を損傷し、又は汚損すること。
（略）
第十二条　国の設置に係る都市公園において次の各号に掲げる行為をしようとするときは、国土交通省令で定めるところにより、公園管理者の許可を受けなければならない。
一　物品を販売し、又は頒布すること。
（以下略）

なるほど。
法律には何も書いてないんですね。

そして、これが私たちの市の条例での規定です。
大体どこの条例でもそうですが、原則的にやってはいけない事項を
列記する「**行為の禁止**」と、市長の許可なくやってはいけない事項
を列記する「**行為の制限**」という2つで構成されています。

【A市都市公園条例　抄】
（行為の禁止）
第3条　都市公園においては、次に掲げる行為をしてはならない。ただし、
　　法第5条第1項、法第6条第1項若しくは第3項又は第4条第1項若し
　　くは第2項後段の許可に係るものについては、この限りでない。
　（1）　土地及び公園施設を損傷し、又は土石を採取すること。
　（2）　竹木を伐採し、又は植物を採取すること。
　（3）　鳥獣及び魚類を捕獲し、又は殺傷すること。
　（4）　広告又はこれに類するものを掲示し又は散布すること。ただし、
　　　市長が別に定めるものを除く。
　（5）　立入禁止区域に立ち入ること。
　（6）　指定された場所以外の場所に車両等を乗り入れること。
　（7）　ごみ、その他の汚物を捨てること。
　（8）　<u>たき火をし、又は火気をもてあそび、その他危険な遊戯をするこ
　　　と</u>。
　（9）　風紀をみだし、又はそのおそれのある行為をすること。
　（10）前各号のほか、市長が管理上特に禁止すること。
（行為の制限）
第4条　都市公園において、次に掲げる行為をしようとする者は、市長の
　　許可を受けなければならない。
　（1）　行商、募金、出店その他これらに類する行為をすること。
　（2）　業として写真又は映画を撮影すること。
　（3）　興行を行うこと。
　（4）　競技会、展示会、博覧会その他これらに類する催しのために都市
　　　公園の全部又は一部を独占して利用すること。

看板と少し表現が違うんですね。「火気をもてあそび」はダメだけど
火を使っちゃダメとまでは書いてない。
それに看板にあったゴルフの練習禁止、スケボー禁止も書いてないで
すね。

条例で公園のルールをすべて個別に書き切ることは現実的には難しいです。そこで、(9) や (10) などを根拠に、その他利用者同士のトラブルを避けるための細かいルールなどを運用で決めて、それを分かりやすい言葉で市のウェブサイトや看板などで周知するようにしています。

確かにゴルフダメ、スケボーダメっていちいち条例に書いていったらきりがないですね。

都市公園は基本的に自由な空間とはいえ、様々な人が利用するわけですから、皆さんに気持ちよく使っていただくために、きめ細かなルールが必要なときもあります。
ただ、残念ながら今の風潮として、「公園管理者が恣意的に禁止事項を増やしすぎ！」「都市公園は禁止事項が多すぎる！」というイメージがあるみたいですね。

ルールばかりで何もできない公園。一体誰のための公園なの？

(出典：「PPP まちづくりかるた」（新・公民連携最前線、公共 R 不動産))

カルタのネタにまでされているんですね！

もちろん、私たちだって禁止事項を増やしたくて増やしているわけではありません。
ただ、皆さんが利用する公共空間にはルールが必要ですし、利用者同士のトラブルを防ぐためにも、皆さんに少しずつ我慢してもらうことも必要です。それに「マナーの悪い人がいるから注意して！」と利用者から言われたら何もしないわけにはいきませんし。

ある人にとっては楽しい行為が、他の人にとっては不快な行為となることだってありますしね。マナーの問題は難しいですね。

ただ、私たちとしても何でも「決まっていることですから」と杓子定規に対応するのではなく、要望が多い場合、そもそもなぜ禁止されているのか、というところから振り返ってみるようにしています。

例えば、「マナーが悪いから」が禁止の根拠なら、マナーを良くするから禁止を解除して、と言われたら禁止の根拠がなくなりますね。

そうですね。実際に社会実験的に BBQ を解禁してみて、ちゃんとルールを守れているなら本格的に解禁する、という取組もやっています。
その一方で、社会実験の結果マナーが改善されないからやっぱり全面禁止だ、としているところもあるみたいですし[1]、マナーの問題っていうのは本当に悩ましいです。

なるほど。
そういえば、BBQ とは関係ないですが、この前近所の公園で「危ないから公園で犬を散歩させないでくれ！」「リードをつけているんだから大丈夫だ！」って言い争っている方を見かけたんですが。

「犬」も利用者間の意見が分かれがちなテーマですね。
公園では、犬が好きな人と犬が嫌いな人が否応なく同じ空間を利用することになるので、その好き嫌いやマナーの問題などで軋轢が生まれやすいです。

う〜ん、恐いから公園に犬を入れないで、というのも市民なら、犬と一緒に公園を散歩したい、というのも市民……。
この相容れない主張に対してどう答えを出すか、難しいですね。

そうですね。それぞれの地域や公園によって状況は異なるので、答えは1つではないでしょうし、双方にとって満点な回答というのもなかなか難しいです。ですが、公園を安全に、快適に使ってもらうために双方の意見を伺いつつ、折り合いのつくルールを模索していくしかありません。

いっそみんなで話し合ってルールを決めたらどうですか？
好き嫌いという感情的な対立は解決しようがないけど、マナーやルールの改善で折り合いがつくような、建設的な話し合いができるような場合なら、みんなでルールを決めた方がいいでしょうし。

良いアイデアですね。
行政だけで公園のルールを決めるのではなく、公園の利用ルールをみんなで考えて、みんなで公園を良くしていくことが大事だと「あり方検討会」の報告書でも指摘されていました。

【「新たなステージに向けた緑とオープンスペース政策の展開について」 抄】
3．民との効果的な連携のための仕組みの充実
（1）緑とオープンスペースの利活用を活性化するための体制の構築
　　このため、一部の苦情や要望への個別対応ではなく、声の届きにくい潜在的な利用者等の声も含めて様々な声を反映することで、より一層緑とオープンスペースの利活用を活性化できるよう、地域の多様なステークホルダー、行政等を構成員とする協議会のような組織を地域の実情に応じて設置することが必要である。
　　組織の設置にあたっては、個別の都市公園毎にマネジメント計画や利用ルール等を審議する場合、いくつかの都市公園をまとめて審議する場合、都市域全体の緑とオープンスペースの戦略、マネジメント計画等を審議する場合など各地方公共団体の実情に応じて設置することが必要である。なお、多様な意見の集約の場としてのみではなく、決定事項につき各主体が責任を持って実行をサポートし、評価と検証を行うことで継続的に質の確保、向上を支える仕組みとすることが必要である。

既に指摘されていたんですね。
でも、実際にそんなことって可能なんでしょうか？

はい。この「あり方検討会」の報告書の指摘を受けて、平成29年（2017年）の都市公園法改正で**「協議会」**という組織を公園管理者が設置できる規定が新たに設けられました。
この協議会は、まさに先ほどお話しいただいたような、みんなでルールを決める場としても活用することが可能です（図1）。

図1　公園の利用ルールを話し合うための協議会の活用イメージ

【都市公園法　抄】
（協議会）
第十七条の二　公園管理者は、都市公園の利用者の利便の向上を図るために必要な協議を行うための協議会（以下この条において「協議会」という。）を組織することができる。
2　協議会は、次に掲げる者をもって構成する。
　　一　公園管理者
　　二　関係行政機関、関係地方公共団体、学識経験者、観光関係団体、商工関係団体その他の都市公園の利用者の利便の向上に資する活動を行う者であつて公園管理者が必要と認めるもの
3　協議会において協議が調つた事項については、協議会の構成員は、その協議の結果を尊重しなければならない。
4　前三項に定めるもののほか、協議会の運営に関し必要な事項は、協議会が定める。

みんなでルールを決めて、その代わりにみんなで責任を持って守っていこうっていうことですね。
そうやってみんなが一緒に公園のルールを考えることが増えていくと、公園がどんどん良くなっていく気がします！

極端な話、市民の皆さんが決めたルールで、市民の皆さんが運営する公園があったっていいんです。
そういう公園が増えていったら、いずれ「何もできない公園」とは言われなくなるんですけどね。

注・出典
1）例えば、尼崎市ウェブサイト「武庫川河川敷緑地でのバーベキューの制限について」
　　〈http://www.city.amagasaki.hyogo.jp/kurashi/tosi_seibi/koen/1004919.html〉

# COLUMN パブリックスペースのルール

　公園に禁止事項が多すぎる、と言われて久しいですが、それは日本だけでしょうか。他国の公園の状況の詳細を把握しているわけではありませんが、以下のようにどこも同じような禁止事項が並んでいるようです。

　皆さんに気持ちよく使っていただくためのルールをどのように決め、それをどのように浸透させていくのか、パブリックスペースにおけるモラルやマナーという課題は万国共通かもしれません。

　また、本文中ではあまり触れませんでしたが、キャッチボールやボール遊び禁止も何かと物議を醸す話題です。禁止看板だけでは言葉足らずになりがちなので、どのようなボール遊びはOKで何がNGかを丁寧に説明したり、どこでならボール遊びができるのかを情報提供したりするなど、ちょっとした工夫でだいぶ印象が変わると思います。

南部3近隣公園
（韓国）1)

Brisbane City Council
Park（オーストラリア）2)

公園のボール遊びルール（足立区）3)

ボール遊びおすすめ公園 MAP（足立区）3)

注・出典
1) JPN-WORLD.COM の画像
　〈https://jpn-world.com/info/korea/yangsan/nambu3neighborhood-park.html〉
2) Wikimedia Commons（Kgbo）より
　〈https://commons.wikimedia.org/wiki/File:Prohibition_signs_in_Australia.jpg〉
3) 東京都足立区ウェブサイト「公園でのボール遊び」より
　〈https://www.city.adachi.tokyo.jp/koen/ballplay.html〉

# 第18話　都市公園でやりたいことをやるためには？

　都市公園は、市民の方に楽しく利用いただくために行政が設置し、管理するパブリックスペースなので、全ての方が、やりたいことがやれる場であることが理想的です。しかし、都市公園は都市の中の限られた空間です。誰かがやりたいことをやることで、他の人がやりたいことができない場合や、他の人に不快な思いをさせることもあります。

　そのために、行政も、ルールをつくる、時間を分ける、空間を分けるなど様々な方法で公園がより多くの方にとって、安全で快適な空間となるよう努めているわけですが、行政の力だけでは限界があります。

　都市公園は、市民が一緒につくり、育てていくことで、本当の意味で市民のための公園になるのかもしれません。

❑市民参加による都市公園の整備・管理の例

市民が育てた色とりどりの花が、地域に彩りを添える（広島市）

**市民と一緒に　森を育てる**

これまでに植えた苗木は約16万本

延べ4万6千人が、次世代に渡る「豊かな森」の再生に向け、汗を流している

びわこ地球市民の森（滋賀県）

**公園から　きれいを広げる**

公園の清掃、除草など日常的な管理を行っている公園愛護会

公園がきれいになることで、地域がきれいになる

（横浜市）

**公園を一緒につくる**

地域住民が一緒になって公園を芝生化

一緒につくれば、公園はもっと地域に愛される公園に

西品治南公園（鳥取市）

**市民参加**

市民参加による公園の整備、管理

**公園は、市民がつくり育てています**

都市公園は、全国に約10万箇所

都市公園の維持管理に継続的に参加している地域住民の団体数は、全国に約5万団体

都市公園は、多くの市民に支えられています

（出典：国土交通省資料「市民の暮らし、都市の活力を支える都市公園の多様な機能」）

都市公園で町内会のイベントをやりたいのですが、何か手続きが必要でしょうか?

都市公園は自由使用が原則なので、遊具で遊んだり、休憩したりすることはもちろん誰の許可もいりませんが、イベントや運動会などで公園を一時的に独占して利用する場合は公園管理者の許可が必要になります。

【○○市都市公園条例　抄】
(行為の制限)
第4条　都市公園において、次に掲げる行為をしようとする者は、市長の許可を受けなければならない。
　(1)　行商、募金、出店その他これらに類する行為をすること。
　(2)　業として写真又は映画を撮影すること。
　(3)　興行を行うこと。
　(4)　競技会、展示会、博覧会その他これらに類する催しのために都市公園の全部又は一部を独占して利用すること。

やっぱり許可がいるんですね。

はい。例えば、公園でボール遊びしたいのにいつも特定の団体が公園全体を使っていて全然遊べない、ということになったら困りますよね。公園を利用いただくのは有難いことですが、限りある空間ですから、利用調整が必要な場合もあります。
また、公園は自由使用が原則と言っても、公園利用者や近隣に住んでいる方に迷惑がかかるような使用方法では困りますし、皆さんが快適に使える空間になるよう、事前にイベントの規模、内容などを確認させていただいています。

具体的にはどのような申請が必要になるんですか?

先ほどの条例で定めているように**行為の許可**のための申請をしていただく必要があります。ウェブサイトに申請書を掲載していますので、そちらに必要事項を記入していただくことになりますよ。

法律ではなく、条例で定めている事項なので、公園を管理している地方公共団体によって手続きは異なりますから、注意してください。

また、テントやステージなどの仮設工作物を設営する場合は都市公園法第6条第1項の**占用許可**もあわせて必要になります。

イベントの内容によっては、都市公園法以外にも、例えば食品を調理・販売したり、火気を取扱う場合は、保健所や消防署の許可・届出などが必要な場合もありますのでご相談ください。

【都市公園法　抄】
（都市公園の占用の許可）
第六条　都市公園に<u>公園施設以外の工作物その他の物件又は施設を設けて都市公園を占用しようとするときは、公園管理者の許可を受けなければならない。</u>
　（略）
第七条　公園管理者は、前条第一項又は第三項の許可の申請に係る工作物その他の物件又は施設が次の各号に掲げるものに該当し、都市公園の占用が公衆のその利用に著しい支障を及ぼさず、かつ、必要やむを得ないと認められるものであって、政令で定める技術的基準に適合する場合に限り、前条第一項又は第三項の許可を与えることができる。
　（略）
六　<u>競技会、集会、展示会、博覧会その他これらに類する催しのため設けられる仮設工作物</u>

なるほど。
もう少し具体的にイベントの内容が決まったら相談しますね。
そういえば、この前公園で花壇をつくっている団体を見かけたのですが、あちらも許可がいるんですか？

恐らく**愛護会**の方々のことですね。

アイゴカイ？

公園の清掃、花や草木の手入れなど、公園をきれいに、楽しく利用できるように管理することなどを目的に設置されている地域のボランティア団体のことです（写真1）。活動の届出などは頂いていますが、もちろんその清掃活動等について個別に許可するようなことはしていません。

愛護会は全国で約2万3千団体結成されていて、他に町内会などもあわせると全国で約5万団体が公園の維持管理に参加しているようですよ（図1）。

写真1　愛護会看板

図1　都市公園の維持管理に参加している団体数
（平成30年度（2018年度）末／国土交通省調べ）

| | |
|---|---|
| 愛護会 | 23,445 |
| 町内会 | 16,499 |
| 老人会 | 1,824 |
| 民間 | 1,352 |
| 子供会 | 642 |
| NPO法人 | 356 |
| その他 | 4,943 |

そんなにたくさんあるんですか。都市公園って全国に11万箇所あるって話ですから、その半分近くの公園でそういった団体が活動していることになりますね。

そうですね。公園は行政だけでなく、市民の皆さんの協力によって支えられています。

私も公園のために何かしたいと思ったら、愛護会に入ればいいんですか？

そうですね。愛護会として活動する方法もありますし、もっと積極的にやりたいことがあるのであれば、私たちの市ではパークマネジメントの一環として市民の皆さんとの協働を推進していますので、そちらにご参加いただく方法もあります。
まだ始めたばかりでお話しできるほどの実績はないので、イメージしやすいように先進的に取り組んでいる地方公共団体の事例をいくつか参考に紹介しますね。

よろしくお願いします！

まず、兵庫県の**有馬富士公園**では、市民の方が公園を利用する側ではなく、自分たちの考えた利用プログラムを展開する場としても活用しています。
通常であれば、公園管理者や指定管理者が提供するような工作体験やエクササイズ教室などを市民の方が自分たちで考え、自分たちで運営するという取組です。

公園って利用するという目線でしか今まで見たことがなかったけど、公園の運営に参加するという方法もあるんですね。
自分の特技を生かしたり、みんなに楽しんでもらったり、やりがいがありそう！

有馬富士公園では、グループの成果を発表する場などをつくってグループ同士での交流を図ったり、お互い刺激し合ってより良いプログラムを展開できるようにしたり、支援体制も充実しているみたいです。

私たちも素人ですから、うまくできるか不安があるのでこういうサポートが充実していると心強いです。

それから、管理運営だけでなく、計画、整備段階から市民と一緒につくり続けている公園もあります。
神戸市の**みなとのもり公園**では、公園の計画当初から市民の方とのワークショップ等を通じてどのような公園を整備していくかを決めて、整備後も「みなとのもり公園運営会議」というボランティア組織が中心となって運営しています。

## 有馬富士公園

| 所在地 | 兵庫県三田市 |
|---|---|
| 公園管理者 | 兵庫県 |
| 種別 | 広域公園 |
| 供用開始年 | 平成13年（2001年） |
| 供用面積 | 約178ha（平成30年度（2018年度）末） |
| 特徴等 | 住民の「参画と協働」を実現するために、住民手づくりのプログラムなどを展開する「ありまふじ夢プログラム」を実施。住民グループが、「来園者＝ゲスト」ではなく「主催者＝ホスト」として自分たちがやりたいことを来園者を対象に展開、情報共有することで、公園を核にした新たなコミュニティを形成。 |
| 工夫内容等 | 【活動内容】多様な住民グループが、自分たちがやりたいことを企画し、イベント系、調査研究系、維持管理系などさまざまなプログラムを実施（平成26年度（2014年度）実績：22団体、140企画、参加者62,153名）【管理事務所からの支援】グループが公園内でプログラムをスムーズに実施できるように、公園管理事務所の担当者がついてサポート。 |

（出典：国土交通省「都市公園のストック効果事例集」）

## みなとのもり公園（神戸震災復興記念公園）

| 所在地 | 兵庫県神戸市 |
|---|---|
| 公園管理者 | 神戸市 |
| 種別 | 総合公園 |
| 供用開始年 | 平成25年（2013年） |
| 供用面積 | 約5ha（平成30年度（2018年度）末） |
| 特徴等 | 神戸のまちが復興から発展へと前進する姿を木々の生長とともに見つめていく公園を基本理念に復興の記念事業として整備。この公園の管理運営は、花やみどり、ニュースポーツなど様々な活動に参画する市民が立ち上げた運営委員会が行っており、利用ルールの作成、清掃等を実施している。 |
| 工夫内容等 | 【新しい運営のかたち】ニュースポーツ広場については、利用者が運営委員会を立ち上げ、利用ルールの作成や清掃等の維持管理活動を行っている。【高架下の有効活用】住宅街等では敬遠されがちなニュースポーツを道路高架下の空間にマッチングさせ、賑わいを生み出している。 |

（出典：国土交通省「都市公園のストック効果事例集」）

計画、整備、管理運営まで一貫して市民の方が関わっている公園もあるんですね。

はい。特にこの会議の特徴は、行政のほか、森づくりのグループや花を育てるグループ、スケートボード、インラインスケートなどのニュースポーツのグループなど、多種多様な方が参加して、みんなで公園の利用ルールなどを決めて、実行している点です。

そんなに幅広い人たちがよく1つになっていますね。特にニュースポーツって若者のスポーツというイメージがありますが、そういった方々も管理に参加しているんですね。

そうですね。年齢や立場などに関係なく公園を利用する人が、ゴミを拾い集めたり、注意看板をつくったり、ヘルメット着用を呼びかけたりと自ら公園を管理しています。
ニュースポーツは、音がうるさいなどの理由で近隣の住民から敬遠されがちです。この公園は高速道路の高架下なので音がかき消されるためということもありますが、こういった地道な活動で公園の管理に主体的に取り組んでいることも理解を得やすい要因だと思いますよ。

自分たちの居場所を守るために自分たちも努力しているんですね。前話でお話のあった「市民が決めたルールで市民が運営する公園」みたいですね。

そうかもしれません。
普段見ている公園も、利用する側とは違う目線で見てみるとまた新たな発見があるかもしれませんよ。
是非公園を使いこなしてください！

分かりました！
ありがとうございます！

## おわりに・謝辞

　本書の執筆を海の中道海浜公園の事務所長という立場で終えることとなりましたが、この公園は私の公務員人生のスタートとなった思い出深い場所でもあります。

　社会人初めての職場として赴任し、右も左もわからないまま、初めての仕事としてこの所長室に入ったのは、法第5条の設置管理許可の決裁の時だったと記憶しています。

　先輩から頂いた起案データを使い回し、何の理論武装もしなかった私は、「どういう根拠で施設の設置を許可できるの？」「法第5条第3項って何？」という所長からの問いに当然答えることはできず、「法律を読んで出直しておいで」と優しく諭されたことを憶えています。

　恥ずかしながら、都市公園法を初めて読んだのはその時でした。

　その後、2年目から国土交通省の本省に勤務となりましたが、不勉強は相変わらずで、上司から法令の解釈を問われた際、私の答えに下された評価は「マイナス30点！」。

　そのような私が法令に関する本を執筆する日が来るとは夢にも思いませんでしたが、それもここまで育てていただいた諸先輩方、同僚、友人の皆様のおかげであり、心より感謝申し上げます。

　特に、上記の入省当時の海の中道海浜公園の所長、現在の本省の公園緑地・景観課長として本書の執筆への助言をはじめ様々ご指導をいただいた古澤達也氏、都市公園のこれまでとこれからについて、知識と熱意で私の蒙を啓いてくださった福井県立大学学長の進士五十八氏、本書を出版するきっかけをつくってくださった日本公園緑地協会の川端清道氏、そして、本がより充実した内容になるよう丁寧にアドバイスいただいた学芸出版社の松本優真氏に感謝申し上げます。

　新型コロナウイルス（COVID-19）の感染拡大により様変わりしてしまった公園に、笑顔あふれる何気ない日常が一日でも早く戻ることを祈りつつ……。

令和2年（2020年）6月

平塚　勇司

## ● 著者略歴

平塚勇司（ひらつか　ゆうじ）

現職：国土交通省　九州地方整備局　国営海の中道海浜公園事務所長

静岡県三島市出身。早稲田大学第一文学部卒業。横浜国立大学の大学院で植生学を専攻後、2001年に造園職の国家公務員として国土交通省に入省。国営公園事務所、九州地方整備局、国土交通省本省で勤務。「新たな時代の都市マネジメントに対応した都市公園等のあり方検討会　最終報告書」のとりまとめ、2017年の都市公園法の改正などに携わる。

## ● イラスト

きのこ（イラストAC）：登場人物
中川未子（紙とえんぴつ舎）：p.12図1、p.14図2、p.39図1、p.40図2

### 都市公園のトリセツ
#### 使いこなすための法律の読み方

2020年7月10日　第1版第1刷発行
2022年3月20日　第1版第3刷発行

著　者………平塚勇司

発行者………井口夏実
発行所………株式会社 学芸出版社
　　　　　　　京都市下京区木津屋橋通西洞院東入
　　　　　　　電話 075-343-0811　〒600-8216
　　　　　　　http://www.gakugei-pub.jp/
　　　　　　　info@gakugei-pub.jp

編集担当……松本優真

装　丁………中川未子（紙とえんぴつ舎）
印　刷………イチダ写真製版
製　本………山崎紙工